危险化学品企业
生产安全事故应急准备指南

应用读本

国家安全生产应急救援中心　编著

应 急 管 理 出 版 社

· 北 京 ·

图书在版编目（CIP）数据

危险化学品企业生产安全事故应急准备指南应用读本 /
国家安全生产应急救援中心编著 . -- 北京：应急管理出版
社，2020

ISBN 978-7-5020-8079-2

Ⅰ.①危… Ⅱ.①国… Ⅲ.①化工产品—危险品—安全
事故—应急对策—指南 Ⅳ.①TQ086.5-62

中国版本图书馆 CIP 数据核字（2020）第 073460 号

危险化学品企业生产安全事故应急准备指南应用读本

编　　著	国家安全生产应急救援中心
责任编辑	尹忠昌　唐小磊
编　　辑	孔　晶　郑素梅　田　苑
责任校对	陈　慧
封面设计	卓义云天

出版发行　应急管理出版社（北京市朝阳区芍药居 35 号　100029）
电　　话　010-84657898（总编室）　010-84657880（读者服务部）
网　　址　www.cciph.com.cn
印　　刷　中煤（北京）印务有限公司
经　　销　全国新华书店

开　　本　710mm×1000mm$^1/_{16}$　印张　15$^1/_4$　字数　200 千字
版　　次　2020 年 6 月第 1 版　2020 年 6 月第 1 次印刷
社内编号　20200401　　　　　定价　59.00 元

前　言

为加强危险化学品企业安全生产应急管理工作，有效防范和应对危险化学品事故，保障人民群众生命和财产安全，应急管理部办公厅印发《危险化学品企业生产安全事故应急准备指南》（以下简称《指南》），这是贯彻落实习近平总书记关于应急管理的重要论述精神，防范化解重大安全风险，遏制重特大事故发生的具体举措，是应急管理部服务群众、服务企业、服务社会"三项服务"中指导高危企业防范系统性风险的重要措施之一。

《指南》把握生产安全事故应急准备工作规律，系统设置了14个提纲挈领的应急准备工作要素，并依据现行有关法律、法规、部门规章、规范性文件、标准编制了《危险化学品企业生产安全事故应急准备工作表》，具有较好的指导性、实用性和可操作性，为企业开展应急准备和政府监督检查提供了简明工具，有助于提高企业应急准备工作的科学性和政府监管执法的精准性。为更好地帮助有关人员学习、理解、应用《指南》，国家安全生产应急救援中心组织编写了《指南》应用读本。

《指南》应用读本共分两部分。第一部分，对《指南》的编制背景、编制原则、功能定位、主要内容、应用要求等进行了综合阐述；第二部分，理论结合实际，针对危险化学品企业生产安全事故的特点、应急救援的难点，逐条、逐要素深入解读有关应急准备的重点和方式方法。本书坚持理论性、指导性，突出实用性、操作性，便于危险化学品企业和安全监管人员学会、弄懂、用好《指南》，推动危险化学品企业不断提高生产安全事故应急准备水平和应急保障能力。

全书由赵正宏（第一部分，要素12解读）、余春青（第五条、要素3解读）、多英全（第三条、要素2解读）、储胜利（第六条、第七条、要素9解读）、袁纪武（要素4、要素6解读）、范茂魁（要素10、要素11解读）、石国领（要素5、要素7解读）、王一（要素8、要素13、要素14解读）、付振勇（第一条、第二条、第四条、第八条、要素1解读）共同撰稿；赵正宏、付振勇审核统稿；王海军、孔亮组织审定。

由于编者水平有限，编写时间仓促，书中难免有不当之处，欢迎读者批评指正。

编写组

2020 年 6 月

目　录

应急管理部办公厅关于印发《危险化学品企业生产安全事故
　应急准备指南》的通知 ……………………………………… 1

危险化学品企业生产安全事故应急准备指南 ………………… 3

第一部分　综述 ……………………………………………… 35
　一、编制背景 ……………………………………………… 37
　二、编制原则 ……………………………………………… 41
　三、功能定位 ……………………………………………… 43
　四、编制过程 ……………………………………………… 44
　五、主要内容 ……………………………………………… 45
　六、应用要求 ……………………………………………… 48

第二部分　条文解读 ………………………………………… 51
　一、编制目的和依据 ……………………………………… 53
　二、适用范围 ……………………………………………… 55
　三、工作原则 ……………………………………………… 56
　四、要素项目 ……………………………………………… 60
　五、实施要求 ……………………………………………… 188
　六、监督检查 ……………………………………………… 196

附录……………………………………………………… 199

附录一　中华人民共和国突发事件应对法……………… 201

附录二　生产安全事故应急条例………………………… 218

附录三　生产安全事故应急预案管理办法……………… 227

应急管理部办公厅关于印发

《危险化学品企业生产安全事故应急准备指南》

的 通 知

应急厅〔2019〕62 号

各省、自治区、直辖市应急管理厅（局），新疆生产建设兵团应急管理局，有关中央企业：

为认真贯彻落实党中央、国务院关于危险化学品安全生产工作的决策部署，指导危险化学品企业强化生产安全事故应急准备，提高应急管理工作水平，有效防范和应对危险化学品事故，国家安全生产应急救援中心组织制定了《危险化学品企业生产安全事故应急准备指南》（以下简称《指南》），现印发给你们，请认真贯彻执行，并提出如下要求：

一、应急管理部门和有关中央企业要切实抓好《指南》的实施工作，加强宣传教育培训，指导危险化学品企业全面掌握有关要求，认真做好危险化学品生产安全事故应急准备工作。

二、危险化学品企业要认真组织开展学习，准确理解和认真落实《指南》的各项要素，针对本企业安全风险特点，全面加强应急准备工作，实现"救早救小"，坚决防范和遏制重特大事故。

三、应急管理部门要加强监督检查，对辖区内危险化学品企业学

1

习《指南》不深入，贯彻落实不到位，未按照要求全面加强应急准备工作的，要采取有效措施予以纠正。

　　附件：危险化学品企业生产安全事故应急准备指南

应急管理部办公厅
2019 年 12 月 26 日

危险化学品企业
生产安全事故应急准备指南

第一条 为加强危险化学品企业安全生产应急管理工作，有效防范和应对危险化学品事故，保障人民群众生命和财产安全，依据《中华人民共和国突发事件应对法》《中华人民共和国安全生产法》《生产安全事故应急条例》《生产安全事故应急预案管理办法》等法律、法规、规章、标准和有关文件（以下统称现行法律法规制度），制定本指南。

第二条 本指南适用于危险化学品生产、使用、经营、储存单位（以下统称危险化学品企业）依法实施生产安全事故应急准备工作，也可作为各级政府应急管理部门和其他负有危险化学品安全生产监督管理职责的部门依法监督检查危险化学品企业生产安全事故应急准备工作的工具。

本指南所称危险化学品使用单位是指根据《危险化学品安全使用许可证实施办法》规定，应取得危险化学品安全使用许可证的化工企业。

第三条 依法做好生产安全事故应急准备是危险化学品企业开展安全生产应急管理工作的主要任务，落实安全生产主体责任的重要内容。

应急准备应贯穿于危险化学品企业安全生产各环节、全过程。

危险化学品企业应遵循安全生产应急工作规律，依法依规，结合实际，在风险评估基础上，针对可能发生的生产安全事故特点和危害，持续开展应急准备工作。

第四条 应急准备内容主要由思想理念、组织与职责、法律法规、风险评估、预案管理、监测与预警、教育培训与演练、值班值守、信息管理、装备设施、救援队伍建设、应急处置与救援、应急准备恢复、经费保障等要素构成。每个要素由若干项目组成。

要素1：思想理念。思想理念是应急准备工作的源头和指引。危险化学品企业要坚持以人为本、安全发展，生命至上、科学救援理念，树立安全发展的红线意识和风险防控的底线思维，依法依规开展应急准备工作。

本要素包括安全发展红线意识、风险防控底线思维、应急管理法治化与生命至上、科学救援四个项目。

要素2：组织与职责。组织健全、职责明确是企业开展应急准备工作的组织保障。危险化学品企业主要负责人要对本单位的生产安全事故应急工作全面负责，建立健全应急管理机构，明确应急响应、指挥、处置、救援、恢复等各环节的职责分工，细化落实到岗位。

本要素包括应急组织、职责任务两个项目。

要素3：法律法规。现行法律法规制度是企业开展应急准备的主要依据。危险化学品企业要及时识别最新的安全生产法律法规、标准规范和有关文件，将其要求转化为企业应急管理的规章制度、操作规程、检测规范和管理工具等，依法依规开展应急准备工作。

本要素包括法律法规识别、法律法规转化、建立应急管理制度三个项目。

要素4：风险评估。风险评估是企业开展应急准备和救援能力建设的基础。危险化学品企业要运用底线思维，全面辨识各类安全风险，选用科学方法进行风险分析和评价，做到风险辨识全面，风险分析深入，风险评估科学，风险分级准确，预防和应对措施有效。运用情景构建技术，准确揭示本企业小概率、高后果的"巨灾事故"，开展有针对性的应急准备工作。

本要素包括风险辨识、风险分析、风险评价、情景构建四个项目。

要素 5：预案管理。针对性和操作性强的应急预案是企业开展应急准备和救援能力建设的"规划蓝图"、从业人员应急救援培训的"专门教材"、救援行动的"作战指导方案"。危险化学品企业要组成应急预案编制组，开展风险评估、应急资源普查、救援能力评估，编制应急预案。要加强预案管理，严格预案评审、签署、公布与备案；及时评估和修订预案，增强预案的针对性、实用性和可操作性。

本要素包括预案编制、预案管理、能力提升三个项目。

要素 6：监测与预警。监测与预警是企业生产安全事故预防与应急的重要措施。监测是及时做好事故预警，有效预防、减少事故，减轻、消除事故危害的基础。预警是根据事故预测信息和风险评估结果，依据事故可能的危害程度、波及范围、紧急程度和发展态势，确定预警等级，制定预警措施，及时发布实施。

本要素包括监测、预警分级、预警措施三个项目。

要素 7：教育培训与演练。教育培训与演练是企业普及应急知识，从业人员提高应急处置技能、熟练掌握应急预案的有效措施。危险化学品企业应对从业人员（包含承包商、救援协议方）开展针对性知识教育、技能培训和预案演练，使从业人员掌握必要的应急知识、与岗位相适应的风险防范技能和应急处置措施。要建立从业人员应急教育培训考核档案，如实记录教育培训的时间、地点、人员、内容、师资和考核的结果。

本要素包括应急教育培训、应急演练、演练评估三个项目。

要素 8：值班值守。值班值守是企业保障事故信息畅通、应急响应迅速的重要措施，是企业应急管理的重要环节。危险化学品企业要设立应急值班值守机构，建立健全值班值守制度，设置固定办公场所、配齐工作设备设施、配足专门人员、全天候值班值守，确保应急信息畅通、指挥调度高效。规模较大、危险性较高的危险化学品生产、经营、储存企业应当成立应急处置技术组，实行 24 小时值班。

本要素包括应急值班、事故信息接报、对外通报三个项目。

要素 9：信息管理。应急信息是企业快速预测、研判事故，及时启动应急预案，迅速调集应急资源，实施科学救援的技术支撑。危险化学品企业要收集整理法律法规、企业基本情况、生产工艺、风险、重大危险源、危险化学品安全技术说明书、应急资源、应急预案、事故案例、辅助决策等信息，建立互联共享的应急信息系统。

本要素包括应急救援信息、信息保障两个项目。

要素 10：装备设施。装备设施是企业应急处置和救援行动的"作战武器"，是应急救援行动的重要保障。危险化学品企业应按照有关标准、规范和应急预案要求，配足配齐应急装备、设施，加强维护管理，保证装备、设施处于完好可靠状态。经常开展装备使用训练，熟练掌握装备性能和使用方法。

本要素包括应急设施、应急物资装备和维护管理三个项目。

要素 11：救援队伍建设。救援队伍是企业开展应急处置和救援行动的专业队和主力军。危险化学品企业要按现行法律法规制度建立应急救援队伍（或者指定兼职救援人员、签订救援服务协议），配齐必需的人员、装备、物资，加强教育培训和业务训练，确保救援人员具备必要的专业知识、救援技能、防护技能、身体素质和心理素质。

本要素包括队伍设置、能力要求、队伍管理、对外公布与调动四个项目。

要素 12：应急处置与救援。应急处置与救援是事故发生后的首要任务，包括企业自救、外部助救两个方面。危险化学品企业要建立统一领导的指挥协调机制，精心组织，严格程序，措施正确，科学施救，做到迅速、有力、有序、有效。要坚持救早救小，关口前移，着力抓好岗位紧急处置，避免人员伤亡、事故扩大升级。要加强教育培训，杜绝盲目施救、冒险处置等蛮干行为。

本要素包括应急指挥与救援组织、应急救援基本原则、响应分级、总体响应程序、岗位应急程序、现场应急措施、重点监控危险化学品应急处置、配合政府应急处置八个项目。

要素13：应急准备恢复。事故发生，打破了企业原有的生产秩序和应急准备常态。危险化学品企业应在事故救援结束后，开展应急资源消耗评估，及时进行维修、更新、补充，恢复到应急准备常态。

本要素包括事后风险评估、应急准备恢复、应急处置评估三个项目。

要素14：经费保障。经费保障是做好应急准备工作的重要前提条件。危险化学品企业要重视并加强事前投入，保障并落实监测预警、教育培训、物资装备、预案管理、应急演练等各环节所需的资金预算。

要依法对外部救援队伍参与救援所耗费用予以偿还。

本要素包括应急资金预算、救援费用承担两个项目。

第五条 本指南依据现行相关法律法规制度细化明确了应急准备各要素所有项目的主要内容，详见附件《危险化学品企业生产安全事故应急准备工作表》。

（一）危险化学品企业生产安全事故应急准备包括但不限于附件所列要素及其项目、内容。附件所列要素及其项目、内容，是现行法律法规制度对危险化学品企业生产安全事故应急准备的最低要求。

（二）危险化学品企业要结合企业实际，在现有要素及其项目下丰富应急准备内容。可根据实际需要，合理增加应急准备要素并明确具体项目、内容。

（三）危险化学品企业应加强法律法规制度识别与转化，及时完善应急准备要素及其项目、内容和依据，保证生产安全事故应急准备持续符合现行法律法规制度要求。

危险化学品企业应结合实际，建立健全应急准备工作制度，对本指南所提各项应急准备在企业应急管理中的实现路径和方法进行固化，做到应急准备具体化、常态化。

第六条　本指南是危险化学品企业依法开展应急准备工作的重要工具和安全生产应急管理培训的重要内容。危险化学品企业主要负责人要加强组织领导，制定全员培训计划，逐要素开展系统培训。

第七条　危险化学品企业应定期开展多种形式、不同要素的应急准备检查，并将检查情况作为企业奖惩考核的重要依据，不断提高应急准备工作水平。

第八条　各级政府应急管理部门和其他负有危险化学品安全生产监督管理职责的部门、危险化学品企业上级公司（集团）可根据附件所列各要素及其项目、内容和依据，灵活选用座谈、查阅资料、现场检查、口头提问、实际操作、书面测试等方法，对危险化学品企业应急准备工作进行监督检查。

第九条　本指南下列用语的含义：

应急准备，是指以风险评估为基础，以先进思想理念为引领，以防范和应对生产安全事故为目的，针对事故监测预警、应急响应、应急救援及应急准备恢复等各个环节，在事故发生前开展的思想准备、预案准备、机制准备、资源准备等工作的总称。

风险评估，是指依据《生产过程危险和有害因素分类与代码》《危险化学品重大危险源辨识》《职业危害因素分类目录》等辨识各种安全风险，运用定性和定量分析、历史数据、经验判断、案例比对、归纳推理、情景构建等方法，分析事故发生的可能性、事故形态及其后果，评价各种后果的危害程度和影响范围，提出事故预防和应急措施的过程。

情景构建，是指基于风险辨识，分析和评价小概率、高后果事故的风险评估技术。

附件：危险化学品企业生产安全事故应急准备工作表

附件

危险化学品企业生产安全事故应急准备工作表

要素1：思想理念

序号	项目	内　容	依　据
1	安全发展红线意识	1. 树立安全发展理念，弘扬生命至上、安全第一的思想，倡导生命至上、科学救援的应急救援理念，发展决不能以牺牲安全为代价； 2. 摆正应急管理与安全生产的关系，应急管理是安全生产的最后一道防线，应充分发挥预防、减少和消除事故等多种功能； 3. 坚持"救早救小"原则，提高第一时间响应效率； 4. 明确"救人"为应急救援的首要任务，在救援过程中，确保救援人员安全，遇到突发情况危及救援人员生命安全时，迅速撤出救援人员。	1. 习近平总书记对全国安全生产监管监察系统先进集体和先进工作者表彰大会（2016年10月31日）作出的指示。 2. 党的十九大报告有关要求。 3.《中共中央 国务院关于推进安全生产领域改革发展的意见》有关要求。 4.《国务院安委会关于进一步加强生产安全事故应急处置工作的通知》（安委〔2013〕8号）三、进一步规范事故现场应急处置（四）确保安全有效施救。 5.《中华人民共和国安全生产法》第三条。 6.《危险化学品事故应急救援指挥导则》（AQ/T 3052—2015）5.3.1.3。
2	风险防控底线思维	1. 坚持底线思维，制订有效的防控措施，化解重大安全风险，遏制重特大事故发生； 2. 科学设定安全生产应急工作指标。	1. 党的十九大报告有关要求。 2.《中共中央 国务院关于推进安全生产领域改革发展的意见》（七）健全责任考核机制。 3.《中华人民共和国安全生产法》第三条。 4.《中华人民共和国突发事件应对法》第五条。 5.《危险化学品安全管理条例》第四条。

要素1：思想理念（续）

序号	项目	内 容	依 据
3	应急管理法治化	1. 依法依规建立健全各项应急管理制度； 2. 依法依规开展各项应急工作。	1.《中华人民共和国安全生产法》第十条。 2.《危险化学品安全管理条例》第四条。 3.《生产安全事故应急条例》第四条。
4	生命至上科学救援	1. 深入开展风险评估，通过风险辨识、分析、评价，掌握事故的性质、特点和可能造成的危害； 2. 强化事故现场处置，赋予生产现场带班人员、班组长和调度人员直接决策权和指挥权，使其在遇到险情或事故征兆时能立即下达停产撤人命令，组织涉险区域人员及时、有序撤离到安全地点，减少事故造成的人员伤亡； 3. 在行动前要了解有关危险因素，明确防范措施，科学组织救援，积极搜救遇险人员。遇到突发情况危及救援人员生命安全时，救援队伍指挥员有权作出处置决定，迅速带领救援人员撤出危险区域，并及时报告指挥部； 4. 各种预案具有科学性、针对性和可操作性； 5. 各项应急准备措施落实到位。	1.《国务院关于进一步加强企业安全生产工作的通知》17. 完善企业应急预案。 2.《国务院安委会关于进一步加强生产安全事故应急处置工作的通知》（安委〔2013〕8号）三、进一步规范事故现场应急处置（四）确保安全有效施救。 3.《中华人民共和国突发事件应对法》第十八条。 4.《生产安全事故应急条例》第五条、第六条。 5.《生产安全事故应急预案管理办法》（国家安全生产监督管理总局令第88号，根据应急管理部令第2号修正）第七条、第十条。 6.《国家安全监管总局关于加强科学施救提高生产安全事故灾难应急救援水平的指导意见》（安监总应急〔2012〕147号）（八）完善安全生产应急响应机制、（十四）加强应急预案与演练工作、（十五）加强高危行业企业相关人员的培训教育。

要素 2：组织与职责

序号	项目	内 容	依 据
1	应急组织	1. 设置负有应急管理职责的安全生产管理机构或配备负有应急管理职责的专职安全生产人员； 2. 中央企业应当按规定建立健全应急管理组织体系，明确本企业应急管理的综合协调部门和各类突发事件分管部门的职责； 3. 规模较大、危险性较高的易燃易爆物品、危险化学品等危险物品的生产、经营、储存单位应当成立应急处置技术组，实行 24 小时应急值班； 4. 建立包括工艺、设备、电气、消（气）防、安全、环保等专业的应急专家库，为处置突发事件提供技术支撑。	1.《中共中央 国务院关于推进安全生产领域改革发展的意见》（六）严格落实企业主体责任。 2.《中华人民共和国安全生产法》第五条、第二十一条。 3.《生产安全事故应急条例》第四条、十四条。 4.《中央企业应急管理暂行办法》（国务院国有资产监督管理委员会令 31 号）第十一条。 5.《企业安全生产标准化基本规范》（GB/T 33000—2016）5.6.1.1 应急救援组织。 6.《生产经营单位生产安全事故应急预案编制导则》（GB/T 29639—2013）6.8.2。 7.《国家安全监管总局关于加强科学施救提高生产安全事故灾难应急救援水平的指导意见》（安监总应急〔2012〕147号）（八）完善安全生产应急响应机制。 8.《国家安全监管总局关于加强化工过程安全管理的指导意见》（安监总管三〔2013〕88 号）（二十六）提高应急响应能力。
2	职责任务	1. 建立健全各级生产安全事故应急工作责任制； 2. 企业主要负责人对本单位的生产安全事故应急工作全面负责；	1.《中共中央 国务院关于推进安全生产领域改革发展的意见》（六）严格落实企业主体责任。 2.《中华人民共和国安全生产法》第十八条。

要素 2：组织与职责（续）

序号	项目	内 容	依 据
2	职责任务	3.法定代表人和实际控制人同为安全生产第一责任人，主要技术负责人负有安全生产技术决策和指挥权； 4.各分管负责人应当按照职责分工落实应急预案规定的职责； 5.在应急制度、预案中对组织机构、人员及职责进行明确规定。	3.《生产安全事故应急条例》第四条。 4.《生产安全事故应急预案管理办法》（国家安全生产监督管理总局令第 88 号，根据应急管理部令第 2 号修正）第五条。 5.《中央企业应急管理暂行办法》（国务院国有资产监督管理委员会令 31 号）第十一条。

要素 3：法律法规

序号	项目	内 容	依 据
1	法律法规识别	1.建立安全生产应急管理法律、法规、标准、规范的管理制度，明确主管部门，确定获取的渠道、方式； 2.及时识别和获取适用、有效的法律法规、标准规范； 3.建立法律法规、标准规范清单和文本数据库，并及时更新。	1.《企业安全生产标准化基本规范》（GB/T 33000—2016）5.2.1 法规标准识别。 2.《危险化学品从业单位安全生产标准化评审标准》（安监总管三〔2011〕93 号）要素一。
2	法律法规转化	1.将识别出的应急法律、法规、标准、规范要求，转化为企业应急管理制度、工作措施或工作任务等； 2.对相关人员进行培训。	1.《企业安全生产标准化基本规范》（GB/T 33000—2016）5.2.1 法规标准识别。 2.《危险化学品从业单位安全生产标准化评审标准》（安监总管三〔2011〕93 号）要素四。

要素3：法律法规（续）

序号	项目	内　容	依　据
3	建立应急管理制度	1. 应建立健全应急值班值守、信息报告、应急投入、物资保障、人员培训及预案管理（定期评估、修订、备案、公布）等应急救援管理制度，应明确并公示本企业应急领导小组及联系方式等信息； 2. 根据《生产安全事故应急预案管理办法》及有关标准、规定编制应急预案管理制度； 3. 建立应急救援物资的有关制度和记录：物资清单、物资使用管理制度、物资测试检修制度、物资租用制度、资料管理制度、物资调用和使用记录、物资检查维护、报废及更新记录。	1.《生产安全事故应急条例》第五条、第十四条。 2.《生产安全事故应急预案管理办法》（国家安全生产监督管理总局令第88号，根据应急管理部令第2号修正）第三十五条。 3.《中央企业应急管理暂行办法》（国务院国有资产监督管理委员会令31号）第十四条。 4.《危险化学品单位应急救援物资配备要求》（GB 30077—2013）9.1。 5.《危险化学品应急救援管理人员培训及考核要求》（AQ/T 3043—2013）4 培训要求。 6.《国务院安委会办公室关于贯彻落实国务院〈通知〉精神进一步加强安全生产应急救援体系建设的实施意见》（安委办〔2010〕25号）（十五）进一步加强安全生产应急工作法制建设。 7.《危险化学品从业单位安全生产标准化评审标准》（安监总管三〔2011〕93号）要素四。

要素4：风险评估

序号	项目	内　容	依　据
1	风险辨识	运用标准比对（如《生产过程危险和有害因素分类与代码》《危险化学品重大危险源辨识》《职业病危害因素分类目录》）、检查表、风险矩阵等方法，辨识危险有害因素、风险源、可能的事故及原因、后果等。	1.《生产安全事故应急条例》第五条。 2.《生产安全事故应急预案管理办法》（国家安全生产监督管理总局令第88号，根据应急管理部令第2号修正）第十条。 3.《中央企业应急管理暂行办法》（国务院国有资产监督管理委员会令31号）第十四条。

要素4：风险评估（续）

序号	项目	内容	依据
1	风险辨识		4.《生产经营单位生产安全事故应急预案编制导则》（GB/T 29639—2013）4.4 风险评估。 5.《风险管理 原则与实施指南》（GB/T 24353—2009）5.3 风险评估。 6.《风险管理 风险评估技术》（GB/T 27921—2011）6 风险评估技术的选择。
2	风险分析	根据风险分析的目的、获得的信息数据和资源，采用定性、定量或定性、定量相结合的方法，对辨识出的风险后果的严重性、发生的可能性进行分析，为风险评价和应对提供支持。 一般情况下，首先采取定性分析，初步了解风险等级和揭示主要风险。	1.《生产安全事故应急条例》第五条。 2.《生产安全事故应急预案管理办法》（国家安全生产监督管理总局令第88号，根据应急管理部令第2号修正）第十条。 3.《中央企业应急管理暂行办法》（国务院国有资产监督管理委员会令31号）第十四条。 4.《生产经营单位生产安全事故应急预案编制导则》（GB/T 29639—2013）4.4 风险评估。 5.《风险管理 原则与实施指南》（GB/T 24353—2009）5.3 风险评估。
3	风险评价	1. 确定风险等级，根据可接受风险程度，提出针对性的风险防控措施； 2. 通过定量风险分析确定的重大危险源的个人和社会风险值，不得超过《危险化学品重大危险源监督管理暂行规定》中可容许风险限值标准，超过个人和社会可容许风险限值标准的，危险化学品单位应当采取相应的降低风险措施。	1.《生产安全事故应急条例》第五条。 2.《生产安全事故应急预案管理办法》（国家安全生产监督管理总局令第88号，根据应急管理部令第2号修正）第十条。 3.《危险化学品重大危险源监督管理暂行规定》（国家安全生产监督管理总局令第40号，根据国家安全监管总局令第79号修正）第十四条。 4.《中央企业应急管理暂行办法》（国务院国有资产监督管理委员会令31号）第十四条。

要素4：风险评估（续）

序号	项目	内　容	依　据
3	风险评价		5.《生产经营单位生产安全事故应急预案编制导则》（GB/T 29639—2013）4.4风险评估。 6.《风险管理 原则与实施指南》（GB/T 24353—2009）5.3风险评估。
4	情景构建	运用情景构建技术，准确揭示本企业小概率、高后果的"巨灾事故"。	《风险管理 风险评估技术》（GB/T 27921—2011）附录B（资料性附录）风险评估技术 B.4 情景分析。

要素5：预案管理

序号	项目	内　容	依　据
1	预案编制	1. 企业应成立应急预案编制工作小组：由本单位有关负责人任组长，吸收与应急预案有关的职能部门和单位的人员，以及有现场处置经验的人员、专家参加。	1.《中华人民共和国安全生产法》第十八条、第二十二条。 2.《生产安全事故应急预案管理办法》（国家安全生产监督管理总局令第88号，根据应急管理部令第2号修正）第九条、第三十五条。 3.《生产经营单位生产安全事故应急预案评估指南》（AQ/T 9011—2019）5.1。
		2. 确定应急预案编制原则与要点：应当遵循以人为本、依法依规、符合实际、注重实效的原则，以应急处置为核心，明确应急职责，规范应急程序，细化保障措施。	《生产安全事故应急预案管理办法》（国家安全生产监督管理总局令第88号，根据应急管理部令第2号修正）第七条。
		3. 应急预案的编制应当符合下列基本要求： （1）有关法律、法规、规章和标准的规定；	《生产安全事故应急预案管理办法》（国家安全生产监督管理总局令第88号，根据应急管理部令第2号修正）第八条。

要素 5：预案管理（续）

序号	项目	内　　容	依　　据
1	预案编制	（2）本地区、本部门、本单位的安全生产实际情况； （3）本地区、本部门、本单位的危险性分析情况； （4）应急组织和人员的职责分工明确，并有具体的落实措施； （5）有明确、具体的应急程序和处置措施，并与其应急能力相适应； （6）有明确的应急保障措施，满足本地区、本部门、本单位的应急工作需要； （7）应急预案基本要素齐全、完整，应急预案附件提供的信息准确； （8）应急预案内容与相关应急预案相互衔接。	
		4. 编制单位应当进行风险评估和应急资源调查。	《生产安全事故应急预案管理办法》（国家安全生产监督管理总局令第 88 号，根据应急管理部令第 2 号修正）第十条。
		5. 应急预案体系应包括综合应急预案、专项应急预案、现场处置方案。 （1）生产经营单位风险种类多、可能发生多种类型事故的，应当组织编制综合应急预案。对于某一种或者多种类型的事故风险，生产经营单位可以编制相应的专项应急预案，或将专项应急预案并入综合应急预案；	1.《生产安全事故应急预案管理办法》（国家安全生产监督管理总局令第 88 号，根据应急管理部令第 2 号修正）第六条、第十三条、第十四条、第十五条、第十九条。 2.《国家安全监管总局关于加强科学施救提高生产安全事故灾难应急救援水平的指导意见》（安监总应急〔2012〕147 号）（十四）加强应急预案与演练工作。

要素5：预案管理（续）

序号	项目	内　容	依　据
1	预案编制	（2）对于危险性较大的场所、装置或者设施，生产经营单位应当编制现场处置方案。事故风险单一、危险性小的生产经营单位，可以只编制现场处置方案； （3）生产经营单位应当在编制应急预案的基础上，针对工作场所、岗位的特点，编制简明、实用、有效的应急处置卡，并便于从业人员携带。	
		6. 生产安全事故应急预案的编制程序、体系构成以及综合应急预案、专项应急预案、现场处置方案和附件的主要内容应符合有关要求。	1.《生产安全事故应急预案管理办法》（国家安全生产监督管理总局令第88号，根据应急管理部令第2号修正）第十二条、第十三条、第十四条、第十五条、第十六条、第十九条。 2.《生产经营单位生产安全事故应急预案编制导则》（GB/T 29639—2013）　5 应急预案体系、6 综合应急预案主要内容、7 专项应急预案主要内容、8 现场处置方案主要内容。
		7. 预案附件。 （1）应急预案附件内容至少包括通讯录、应急物资装备清单、规范化格式文本、关键的路线、标识和图纸、有关协议或备忘录等信息； （2）附件信息发生变化时，应当及时更新，确保准确有效。	1.《生产安全事故应急预案管理办法》（国家安全生产监督管理总局令第88号，根据应急管理部令第2号修正）第十六条。 2.《生产经营单位生产安全事故应急预案编制导则》（GB/T 29639—2013）9 附件。 3.《生产经营单位生产安全事故应急预案评审指南》（安监总厅应急〔2009〕73号）附件5。

要素 5：预案管理（续）

序号	项目	内　　容	依　　据
1	预案编制	8. 预案衔接。各类应急预案之间应当相互衔接，并与相关人民政府及其部门、应急救援队伍和涉及的其他单位的应急预案相衔接。	1.《国务院关于进一步加强企业安全生产工作的通知》17. 完善企业应急预案。 2.《中华人民共和国安全生产法》第七十八条。 3.《生产安全事故应急预案管理办法》（国家安全生产监督管理总局令第 88 号，根据应急管理部令第 2 号修正）第八条、第十八条。 4.《中央企业应急管理暂行办法》（国务院国有资产监督管理委员会令 31 号）第十四条。
2	预案管理	1. 预案评审。对本单位编制的应急预案进行评审，并形成书面评审纪要。	《生产安全事故应急预案管理办法》（国家安全生产监督管理总局令第 88 号，根据应急管理部令第 2 号修正）第二十一条。
		2. 预案评审人员要求。 （1）评审人员应当包括有关安全生产及应急管理方面的专家； （2）评审人员与所评审应急预案的生产经营单位有利害关系的，应当回避。	《生产安全事故应急预案管理办法》（国家安全生产监督管理总局令第 88 号，根据应急管理部令第 2 号修正）第二十二条。
		3. 预案签署、公布与发放。 （1）应急预案由本单位主要负责人签署； （2）向本单位人员公布； （3）应急预案发放至本单位有关部门、岗位和相关应急救援队伍；	1.《生产安全事故应急条例》第五条。 2.《生产安全事故应急预案管理办法》（国家安全生产监督管理总局令第 88 号，根据应急管理部令第 2 号修正）第二十四条。

要素 5：预案管理（续）

序号	项目	内　容	依　据
2	预案管理	（4）事故风险可能影响周边其他单位、人员的，生产经营单位应当将有关事故风险的性质、影响范围和应急防范措施告知周边的其他单位和人员。	
		4. 预案备案。 （1）在应急预案公布之日起20个工作日内，按照分级属地原则，向县级以上人民政府应急管理部门和其他负有安全生产监督管理职责的部门进行备案，并依法向社会公布； （2）应急预案修订后，按照有关应急预案报备程序重新备案。	1.《危险化学品安全管理条例》第七十条。 2.《生产安全事故应急条例》第七条。 3.《生产安全事故应急预案管理办法》（国家安全生产监督管理总局令第88号，根据应急管理部令第2号修正）第二十六条、第三十七条。 4.《危险化学品生产企业安全生产许可证实施办法》（国家安全监管总局令第41号，根据国家安全监管总局令第89号修正）第二十一条。
		5. 预案评估。 （1）应急预案应每三年进行一次评估； （2）结合本单位部门职能和分工，成立以单位相关负责人为组长，单位相关部门人员参加的应急预案评估组，明确工作职责和任务分工，制定工作方案。评估组成员人数一般为单数； （3）应急预案评估可以邀请相关专业机构或者有关专家、有实际应急救援工作经验的人员参加，必要时可以委托安全生产技术服务机构实施；	1.《生产安全事故应急预案管理办法》（国家安全生产监督管理总局令第88号，根据应急管理部令第2号修正）第三十五条。 2.《生产经营单位生产安全事故应急预案评估指南》（AQ/T 9011—2019）5.1成立评估组、5.4评估报告编写。

要素5：预案管理（续）

序号	项目	内　容	依　据
2	预案管理	（4）应急预案评估结束后，评估组成员沟通交流各自评估情况，对照有关规定及相关标准，汇总评估中发现的问题，并形成一致、公正客观的评估组意见，在此基础上组织撰写评估报告； （5）评估要对应急预案是否需要修订作出结论。	
		6. 预案修订。有下列情形之一的，生产安全事故应急救援预案制定单位应当及时修订相关预案并归档： （1）依据的法律、法规、规章、标准及上位预案中的有关规定发生重大变化的； （2）应急指挥机构及其职责发生调整的； （3）安全生产面临的事故风险发生重大变化的； （4）重要应急资源发生重大变化的； （5）在应急演练和事故应急救援中发现需要修订预案的重大问题的； （6）编制单位认为应当修订的其他情况。	1.《生产安全事故应急条例》第六条。 2.《生产安全事故应急预案管理办法》（国家安全生产监督管理总局令第88号，根据应急管理部令第2号修正）第三十六条。 3.《生产安全事故应急演练基本规范》（AQ/T 9007—2019）9.1应急预案修订完善。
3	能力提升	在全面调查和客观分析生产经营单位应急队伍、装备、物资等应急资源状况基础上，开展应急能力评估，并依据评估结果，完善应急保障措施，提高应急保障能力。	《生产经营单位生产安全事故应急预案编制导则》（GB/T 29639—2013）4.5应急能力评估。

要素6：监测与预警

序号	项目	内 容	依 据
1	监测	1. 结合生产工艺和事故风险，建立健全基于过程控制系统、安全仪表系统、灾害报警系统的监测预报系统，科学设置监测预报参数，并结合系统数据异常情况进行事故风险评估和预报； 2. 重大危险源和关键部位的监测监控信息要接入危险化学品安全生产风险监测预警系统，警示信息及时处置，并保证系统正常运行。	1.《突发事件应急预案管理办法》（国务院办公厅印发）第九条。 2.《危险化学品重大危险源监督管理暂行规定》（国家安全生产监督管理总局令第40号，根据国家安全监管总局令第79号修正）第十三条。 3.《国家安全监管总局关于加强科学施救提高生产安全事故灾难应急救援水平的指导意见》（安监总应急〔2012〕147号）（十三）加强重大危险源监测监控及预警预报工作。 4.《国务院安委会办公室 应急管理部关于加快推进危险化学品安全生产风险监测预警系统建设的指导意见》（安委办〔2019〕11号）三、建设内容（一）危险化学品企业、化工园区建设完善监测监控系统。
2	预警分级	一般情况下，按照事故发生的紧急程度、发展势态和可能造成的危害程度分为一级、二级、三级和四级，分别用红色、橙色、黄色和蓝色标示，一级为最高级别。 在事故情形简单、严重程度较小等情况下，可以根据实际情况，灵活调整分为两个或三个等级。	1.《中华人民共和国突发事件应对法》第四十二条。 2.《国家突发公共事件总体应急预案》3.1.1预警级别和发布。
3	预警措施	1. 按照不同预警等级，分别采取一项或多项应急措施； 2. 一旦重大危险源发生事故，要立即向事故区域发出预警，迅速疏散危险区域有关人员，调动应急力量快速处置，做到提前预警、提前防范、提前处置。	1.《中华人民共和国突发事件应对法》第四十四条、第四十五条。 2.《国家安全监管总局关于加强科学施救提高生产安全事故灾难应急救援水平的指导意见》（安监总应急〔2012〕147号）（十三）加强重大危险源监测监控及预警预报工作。

要素7：教育培训与演练

序号	项目	内 容	依 据
1	应急教育培训	1. 企业应制定应急教育培训计划与目标，对从业人员进行应急教育和培训，保证从业人员具备必要的应急知识，掌握风险防范技能和事故应急措施。	1.《中华人民共和国安全生产法》第二十五条。 2.《生产安全事故应急条例》第十五条。 3.《生产安全事故应急预案管理办法》（国家安全生产监督管理总局令第88号，根据应急管理部令第2号修正）第三十一条。 4.《国家安全监管总局关于加强科学施救提高生产安全事故灾难应急救援水平的指导意见》（安监总应急〔2012〕147号）（十五）加强高危行业企业相关人员的培训教育。 5.《安全生产应急管理"十三五"规划》（安监总应急〔2017〕107号）三、主要任务（六）强化应急管理培训宣教。
		2. 教育培训内容。 （1）生产经营单位应当组织开展本单位的风险评估、应急预案、应急知识、自救互救和避险逃生技能的培训活动，使有关人员了解应急预案内容，熟悉应急职责、应急处置程序和措施； （2）危险化学品基础知识，必要的应急知识、风险防范技能和事故应急措施； （3）危险化学品安全生产风险监测预警系统应用。	1.《中共中央 国务院关于推进安全生产领域改革发展的意见》（二十一）强化企业预防措施。 2.《生产安全事故应急条例》第三十条。 3.《生产安全事故应急预案管理办法》（国家安全生产监督管理总局令第88号，根据应急管理部令第2号修正）第三十一条。 4.《危险化学品应急救援管理人员培训及考核要求》（AQ/T 3043—2013）4培训要求、5培训内容。

要素 7：教育培训与演练（续）

序号	项目	内　容	依　据
1	应急教育培训	3. 培训考核与建档。 （1）对参加培训的人员进行评估考核，包括基础知识考核、实际应用能力考核和再培训考核； （2）应急培训的时间、地点、内容、师资、参加人员和考核结果等情况应当如实记入本单位的安全生产教育和培训档案。	1.《生产安全事故应急预案管理办法》（国家安全生产监督管理总局令第 88 号，根据应急管理部令第 2 号修正）第三十一条。 2.《危险化学品应急救援管理人员培训及考核要求》（AQ/T 3043—2013）6 考核标准。
2	应急演练	4. 应急演练。 （1）制定本单位的应急预案演练计划，至少每半年组织一次生产安全事故应急预案演练； （2）将演练情况报送所在地县级以上人民政府负有安全生产监督管理职责的部门； （3）开展多种形式的演练。按照演练内容分为综合演练和单项演练，按照演练形式分为现场演练和桌面演练，不同类型的演练可相互组合； （4）基于危险化学品安全生产风险监测预警系统和应急指挥"一张图"，开展信息化条件下的应急演练。	1.《生产安全事故应急条例》第八条。 2.《生产安全事故应急预案管理办法》（国家安全生产监督管理总局令第 88 号，根据应急管理部令第 2 号修正）第三十三条。 3.《生产安全事故应急演练基本规范》（AQ/T 9007—2019）4.2 应急演练分类。
3	演练评估	5. 演练评估。 （1）演练设置评估组，由应急管理方面专家和相关领域专业技术人员或相关方代表组成；	1.《生产安全事故应急演练评估规范》（AQ/T 9009—2015）4.5 评估组、5.5 编写评估方案和评估标准、5.6 培训评估人员、7.4 编制演练评估报告。

23

要素 7：教育培训与演练（续）

序号	项目	内　容	依　据
3	演练评估	（2）评估组编写评估方案和评估标准； （3）评估人员应经过相关培训； （4）演练现场评估工作结束后，评估组针对收集的各种信息资料，依据评估标准和相关文件资料对演练活动全过程进行科学分析和客观评价，并撰写演练评估报告，评估报告应向所有参演人员公示。	2.《生产安全事故应急演练基本规范》（AQ/T 9007—2019）8.1 评估。 3.《国家安全监管总局关于加强科学施救提高生产安全事故灾难应急救援水平的指导意见》（安监总应急〔2012〕147号）（十二）加强事故救援的总结评估工作。
		6. 持续改进。 （1）应急预案编制部门根据演练评估报告中对应急预案的改进建议，按程序对预案进行修订完善； （2）根据演练评估报告中提出的问题和建议，明确整改措施和时限，对应急管理工作进行持续改进。	1.《生产安全事故应急演练基本规范》（AQ/T 9007—2019）9.1 应急预案修订完善、9.2 应急管理工作改进。 2.《生产安全事故应急演练评估规范》（AQ/T 9009—2015）7.5 整改落实。

要素 8：值班值守

序号	项目	内　容	依　据
1	应急值班	1. 建立应急值班制度，配备应急值班人员，明确 24 小时应急值守电话。	1.《生产安全事故应急条例》第十四条。 2.《生产经营单位生产安全事故应急预案编制导则》（GB/T 29639—2013）6.4.2 信息报告。

要素 8：值班值守（续）

序号	项目	内　容	依　据
1	应急值班	2. 规模较大、危险性较高的易燃易爆物品、危险化学品等危险物品的生产、经营、储存单位应当成立应急处置技术组，实行 24 小时应急值班。	《生产安全事故应急条例》第十四条。
2	事故信息接报	1. 明确事故信息接收、通报程序和责任人； 2. 事故发生后，事故现场有关人员应当立即向本单位负责人报告；单位负责人接到报告后，应当于 1 小时内向事故发生地县级以上人民政府安全生产监督管理部门和负有安全生产监督管理职责的有关部门报告； 情况紧急时，事故现场有关人员可以直接向事故发生地县级以上人民政府安全生产监督管理部门和负有安全生产监督管理职责的有关部门报告； 3. 报告事故应当包括下列内容： （1）事故发生单位概况； （2）事故发生的时间、地点以及事故现场情况； （3）事故的简要经过； （4）事故已经造成或者可能造成的伤亡人数（包括下落不明的人数）和初步估计的直接经济损失； （5）已经采取的措施。	1.《中华人民共和国安全生产法》第八十条。 2.《生产安全事故报告和调查处理条例》第四条、第九条、第十二条。 3.《生产经营单位生产安全事故应急预案编制导则》（GB/T 29639—2013）6.4.2 信息报告。

要素8：值班值守（续）

序号	项目	内　容	依　据
2	事故信息接报	4. 事故报告应当及时、准确、完整，任何单位和个人对事故不得迟报、漏报、谎报或者瞒报。	
3	对外通报	明确事故发生后向本单位以外的有关部门或单位通报事故信息的方法、程序和责任人。	《生产经营单位生产安全事故应急预案编制导则》（GB/T 29639—2013）第6.4.2信息报告。

要素9：信息管理

序号	项目	内　容	依　据
1	应急救援信息	1. 有关生产工艺信息。	1. 《危险化学品重大危险源监督管理暂行规定》（国家安全生产监督管理总局令第40号，根据国家安全监管总局令第79号修正）第十三条。 2. 《生产经营单位生产安全事故应急预案编制导则》（GB/T 29639—2013）8.3（b）现场应急处置措施。
		2. 本单位危险化学品安全技术说明书。	1. 《危险化学品重大危险源监督管理暂行规定》（国家安全生产监督管理总局令第40号，根据国家安全监管总局令第79号修正）第十三条。 2. 《化学品安全技术说明书 内容和项目顺序》（GB/T 16483—2008）3.5提供物质综合性信息。
		3. 应急预案、专业应急队伍、兼职应急队伍、应急专家及其他信息。	《生产经营单位生产安全事故应急预案编制导则》（GB/T 29639—2013）6.8.2应急队伍保障、6.8.4其他保障。

要素9：信息管理（续）

序号	项目	内 容	依 据
2	信息保障	1. 建立有线与无线相结合的应急通信保障系统，确保事故应对工作的通信畅通； 2. 坚持信息畅通、协同应对的原则，保证与救援各方实时传输语音、视频、文字、数据等信息，与外部救援力量顺畅协同应对。	1.《中华人民共和国突发事件应对法》第三十三条。 2.《危险化学品事故应急救援指挥导则》（AQ/T 3052—2015）4 基本原则。

要素10：装备设施

序号	项目	内 容	依 据
1	应急设施	1. 消防设施。根据《建筑设计防火规范》《石油化工企业设计防火标准》《化工企业安全卫生设计规范》等标准，配备移动、固定消防设施，并依据企业的规模、火灾危险性、固定消防设施的设置情况，以及邻近单位消防协作条件等因素确定消防执勤站级别和车辆、装备。	1.《石油化工企业设计防火标准》（GB 50160—2008，2018 年版）8.2 消防站。 2.《化工企业安全卫生设计规范》（HG 20571—2014）7.4 消防站。
		2. 气防设施。 （1）大量生产、储存和使用有毒有害气体并危害人身安全的化工企业应设置气体防护站； （2）气体防护站应按《化工企业安全卫生设计规范》规定进行建设，足额配备气体防护装备和人员；	1.《危险化学品生产企业安全生产许可证实施办法》（国家安全监管总局令第41号，根据国家安全监管总局令第89号修正）第二十一条。 2.《化工企业安全卫生设计规范》（HG 20571—2014）7.3 气体防护站。

要素10：装备设施（续）

序号	项目	内　　容	依　　据
1	应急设施	（3）生产、储存和使用氯气、氨气、光气、硫化氢等吸入性有毒有害气体的企业，构成重大危险源的，应当设立气体防护站（组）。	
		3. 防尘防毒、防化学灼伤设施。在液体毒性危害严重的场所、具有化学灼伤的作业场所，应设置洗眼器、淋洗器等安全防护措施，洗眼器、淋洗器的服务半径不应大于15米。	《化工企业安全卫生设计规范》（HG 20571—2014）5.1.6、5.6.5。
		4. 紧急切断设施。对重大危险源中的毒性气体、剧毒液体和易燃气体等重点设施，设置紧急切断装置；毒性气体的设施，设置泄漏物紧急处置装置。	《危险化学品重大危险源监督管理暂行规定》（国家安全生产监督管理总局令第40号，根据国家安全监管总局令第79号修正）第十三条。
		5. 应急事故池。有满足事故状态下临时贮存废水、防止漫流的应急事故池。	《化工建设项目环境保护设计规范》（GB 50483—2009）6.6事故应急措施。
2	应急物资装备	1. 根据本单位危险化学品的种类、数量和危险化学品事故可能造成的危害进行配置，按照《危险化学品单位应急救援物资配备要求》（GB 30077）配备相应应急物资； 2. 生产、储存和使用氯气、氨气、光气、硫化氢等吸入性有毒有害气体的企业，还应当配备至少2套以上全封闭防化服。	1.《中华人民共和国安全生产法》第七十九条。 2.《危险化学品生产企业安全生产许可证实施办法》（国家安全监管总局令第41号，根据国家安全监管总局令第89号修正）第二十一条。 3.《危险化学品单位应急救援物资配备要求》（GB 30077—2013）。

要素 10：装备设施（续）

序号	项目	内　容	依　据
3	维护管理	建立应急设施和物资装备的管理制度和台账清单，按要求经常性维护、保养，确保完好。	1.《中华人民共和国安全生产法》第七十九条。 2.《生产安全事故应急条例》第十三条。

要素 11：救援队伍建设

序号	项目	内　容	依　据
1	队伍设置	1. 危险化学品生产、经营、储存企业应当建立应急救援队伍； 2. 危险化学品生产、经营、储存企业中小型企业或者微型企业等规模较小的，可以不建立应急救援队伍，但应当指定兼职的应急救援人员，并且可以与邻近的应急救援队伍签订应急救援协议； 3. 工业园区、开发区等产业聚集区域内的危险化学品生产、经营、储存企业，可以联合建立应急救援队伍。	1.《中华人民共和国安全生产法》第七十九条。 2.《消防法》第三十九条。 3.《生产安全事故应急条例》第十条。
2	能力要求	应急救援人员应当具备必要的专业知识、技能、身体素质和心理素质。	1.《生产安全事故应急条例》第十一条。 2.《危险化学品应急救援管理人员培训及考核要求》（AQ/T 3043—2013）6 考核标准。 3.《国家安全监管总局关于加强矿山危险化学品应急救援骨干队伍建设的指导意见》（安监总应急〔2009〕126 号）三、建设任务（二）队伍素质。

要素 11：救援队伍建设（续）

序号	项目	内　　容	依　　据
3	队伍管理	1. 应制定应急救援人员教育培训计划，使其熟练掌握本企业应急处置程序和自救互救常识，避免盲目指挥、盲目施救。按照《危险化学品应急救援管理人员培训及考核要求》（AQ/T 3043—2013），对危险化学品应急救援队伍负责人进行教育培训。	1.《危险化学品应急救援管理人员培训及考核要求》（AQ/T 3043—2013）5 培训内容。 2.《国家安全监管总局关于加强科学施救提高生产安全事故灾难应急救援水平的指导意见》（安监总应急〔2012〕147号）（十五）加强高危行业企业相关人员的培训教育。
		2. 根据企业可能发生的生产安全事故的特点和危害，配备必要的应急救援装备和物资，定期组织训练，并经常维护、保养，保证正常运转。	《生产安全事故应急条例》第十一条、第十三条。
		3. 应加强战训管理（含演练、技战术研究），开展形式多样的应急演练，掌握处置要点，优化处置方案。	1.《生产安全事故应急演练评估规范》（AQ/T 9009—2015）附录 A 实战演练评估。 2.《国家安全监管总局关于加强科学施救提高生产安全事故灾难应急救援水平的指导意见》（安监总应急〔2012〕147号）（十四）加强应急预案与演练工作。
		4. 建立应急值班制度，配备应急值班人员。	《生产安全事故应急条例》第十四条。
4	对外公布与调动	1. 生产经营单位应当及时将本单位应急救援队伍建立情况按照国家有关规定报送县级以上人民政府负有安全生产监督管理职责的部门，并依法向社会公布；	《生产安全事故应急条例》第十二条、第十九条。

要素11：救援队伍建设（续）

序号	项目	内　容	依　据
4	对外公布与调动	2. 应急救援队伍接到有关人民政府及其部门的救援命令或者签有应急救援协议的生产经营单位的救援请求后，应当立即参加生产安全事故应急救援。	

要素12：应急处置与救援

序号	项目	内　容	依　据
1	应急指挥与救援组织	1. 明确应急组织形式及组成单位或人员及其职责。应急组织机构根据事故类型和应急工作需要，可设置相应的应急工作小组，并明确各小组的工作任务及职责； 2. 救援队伍指挥员应当作为指挥部成员，充分运用应急指挥"一张图"等信息化手段参与制订救援方案等重大决策。	1.《国务院安委会关于进一步加强生产安全事故应急处置工作的通知》（安委〔2013〕8号）三、进一步规范事故现场应急处置（四）确保安全有效施救。 2.《生产经营单位生产安全事故应急预案编制导则》（GB/T 29639—2013）6.3应急组织机构及职责、7.2应急指挥机构及职责、8.2应急工作职责。 3.《生产安全事故应急条例》第二十条、二十一条。
2	应急救援基本原则	1. 坚持救人第一、防止灾害扩大的原则。在保障施救人员安全的前提下，迅速救人抢险； 2. 坚持统一领导、科学决策的原则。现场指挥部负责现场具体处置，重大决策由总指挥部决定； 3. 坚持信息畅通、协同应对的原则。总指挥部、现场指挥部与救援队伍应保证实时互通信息，与外部救援力量协同应对；	《危险化学品事故应急救援指挥导则》（AQ/T 3052—2015）4 基本原则。

要素 12：应急处置与救援（续）

序号	项目	内　容	依　据
2	应急救援基本原则	4. 坚持保护环境，减少污染的原则； 5. 在救援过程中，有关单位和人员应考虑妥善保护事故现场以及相关证据。	
3	响应分级	针对事故危害程度、影响范围，对事故应急响应进行分级，明确分级响应的基本原则。	《生产经营单位生产安全事故应急预案编制导则》（GB/T 29639—2013）6.5.1 响应分级。
4	总体响应程序	根据事故级别和发展态势，明确应急指挥机构启动、应急资源调配、应急救援、扩大应急等响应程序。	《生产经营单位生产安全事故应急预案编制导则》（GB/T 29639—2013）6.5.2 响应程序。
5	岗位应急程序	根据可能发生的事故及现场情况，明确事故报警、各项应急措施启动、应急救护人员的引导、事故扩大同生产经营单位应急预案衔接的程序。	《生产经营单位生产安全事故应急预案编制导则》（GB/T 29639—2013）8.3 应急处置。
6	现场应急措施	1. 针对可能发生的火灾、爆炸、危险化学品泄漏等事故，从警戒隔离、人员救护与防护、遇险人员救护、公众安全防护、装备物资正确选用、工艺操作配合、现场监测、洗消、现场清理等方面制定明确的应急处置措施； 2. 遇到突发情况危及救援人员生命安全时，救援队伍指挥员有权作出处置决定，迅速带领救援人员撤出危险区域，并及时报告指挥部。	1.《生产经营单位生产安全事故应急预案编制导则》（GB/T 29639—2013）8.3 应急处置。 2.《危险化学品事故应急救援指挥导则》（AQ/T 3052—2015）5.2 警戒隔离、5.3 人员防护与救护、5.4 现场处置、5.5 现场监测、5.6 洗消、5.7 现场清理。

要素12：应急处置与救援（续）

序号	项目	内　容	依　据
7	重点监控危险化学品应急处置	涉及重点监管危险化学品的企业要针对本企业安全生产特点和产品特性，从完善安全监控措施、加强个体防护等方面，提升危险化学品应急处置能力。	1.《国家安全监管总局办公厅关于印发首批重点监管的危险化学品安全措施和应急处置原则的通知》（安监总管三〔2011〕142号）有关要求及附件《首批重点监管的危险化学品安全措施和应急处置原则》。 2.《国家安全监管总局关于公布第二批重点监管危险化学品名录的通知》（安监总管三〔2013〕12号）附件2《第二批重点监管的危险化学品安全措施和应急处置原则》。
8	配合政府应急处置	突发事件发生地的其他单位应当服从人民政府发布的决定、命令，配合人民政府采取的应急处置措施，做好本单位的应急救援工作，并积极组织人员参加所在地的应急救援和处置工作。	《中华人民共和国突发事件应对法》第五十六条。

要素13：应急准备恢复

序号	项目	内　容	依　据
1	事后风险评估	1. 排查、消除现场事故隐患； 2. 排查、消除现场次生、衍生事故风险。	1.《中共中央 国务院关于推进安全生产领域改革发展的意见》（二十二）建立隐患治理监督机制。 2.《国务院安委会关于进一步加强生产安全事故应急处置工作的通知》（安委〔2013〕8号）四、加强事故应急处置相关工作（四）稳妥做好善后处置工作。 3.《中华人民共和国突发事件应对法》第五十八条。

要素 13：应急准备恢复（续）

序号	项目	内 容	依 据
2	应急准备恢复	维护、补充、更新装备、物资，休整队伍，恢复到正常应急准备状态。	1.《国务院安委会关于进一步加强生产安全事故应急处置工作的通知》（安委〔2013〕8号）四、加强事故应急处置相关工作（四）稳妥做好善后处置工作。2.《生产安全事故应急条例》第十三条。3.《国家安全监管总局关于加强科学施救提高生产安全事故灾难应急救援水平的指导意见》（安监总应急〔2012〕147号）（七）完善安全生产应急救援装备和物资体系。
3	应急处置评估	生产安全事故调查组应当对应急救援工作进行评估，并在事故调查报告中作出评估结论。在事故救援结束后应当开展应急处置工作总结。	1.《生产安全事故应急条例》第二十七条。2.《生产安全事故应急处置评估暂行办法》（安监总厅应急〔2014〕95号）第七条、第八条、第十二条。

要素 14：经费保障

序号	项目	内 容	依 据
1	应急资金预算	1. 企业年度预算中应包含应急教育、培训、演练，应急装备与设施检测、维护、更新，应急物资、器材采购等有关应急资金预算；2. 企业应急资金使用计划应包括应急准备项目资金详细计划；3. 企业应制定应急资金使用的进度安排。	1.《国务院安委会办公室关于贯彻落实国务院〈通知〉精神进一步加强安全生产应急救援体系建设的实施意见》（安委办〔2010〕25号）（十七）研究制定并落实安全生产应急工作政策措施。2.《企业安全生产费用提取和使用管理办法》（财企〔2012〕16号）第二十条、第三十二条。
2	救援费用承担	应急救援队伍根据救援命令参加生产安全事故应急救援所耗费用，由事故责任单位承担；事故责任单位无力承担的，由有关人民政府协调解决。	《生产安全事故应急条例》第十九条。

第一部分

综　述

◎编制背景

◎编制原则

◎功能定位

◎编制过程

◎主要内容

◎应用要求

一、编 制 背 景

国家安全生产应急救援中心编制《危险化学品企业生产安全事故应急准备指南》(以下简称《指南》) 主要基于以下四个方面的需要:

(一) 贯彻落实习近平新时代中国特色社会主义思想和党中央、国务院决策部署的需要

安全生产事关人民群众生命财产安全。新时代的安全生产工作必须以习近平新时代中国特色社会主义思想为指引,树立安全发展理念,坚持以人民为中心,始终把人民群众生命安全放在首位,以对党和人民高度负责的精神,完善制度、强化责任、加强管理、严格监管,把安全生产责任落到实处,切实防范重特大安全生产事故的发生。正确处理安全与发展的关系,发展决不能以牺牲人的生命为代价。坚持与时俱进,不断深化改革,加强和创新社会治理,推进国家治理体系和治理能力现代化,确保国家长治久安,人民安居乐业。

新时代新要求。安全生产应急救援工作必须坚持以人为本,树牢安全发展理念,强化底线思维和红线意识,弘扬生命至上、安全第一的思想,坚持问题导向,从人民群众反映最强烈的问题入手,着力补短板,找准安全生产应急救援工作的着力点,谋实事、出实招、求实效，不断强化应急管理，扎实推进应急管理体系和能力现代化，把党中央、国务院的各项决策部署抓实、抓细、抓出成效，最大限度减少人员伤亡和财产损失，坚决遏制重特大事故，为全面维护好人民群众生命财产安全和经济高质量发展、社会和谐稳定提供有力的安全生产保障，使人民获得感、幸福感、安全感更加充实、更有保障、更可持续。

（二）提高危险化学品应急管理水平的迫切需要

我国现有危险化学品生产经营单位达 21 万家。化工经济总量自 2010 年突破 10 万亿元，位居世界第一，至今一直领跑世界，是国民经济的重要支柱。党中央、国务院历来高度重视危险化学品安全，不断强化安全管理，危险化学品安全生产形势持续向好，成绩显著，但化工行业整体基础薄弱、安全管理粗放、本质安全状况差，事故多发、频发，重特大事故未做到有效遏制。

为提高安全生产保障能力，我国不断加强安全生产应急管理，应急救援力量不断加强。特别在大批危险化学品企业应急救援队伍的基础上，依托央企，中央财政扶持建设了 30 余支国家级危险化学品应急救援队伍，列装涡喷消防车、举高喷射消防车等高精尖装备，国家危险化学品应急救援整体能力不断提高。2011—2018 年，我国安全生产应急救援队伍共参加生产安全事故救援 81954 起，抢救遇险人员 262617 人，直接获救生还 74043 人。与此同时，多起生产安全事故也暴露出诸多应急准备不足的问题，如应急救援预案实用性不够、应急救援队伍能力不强、应急物资储备不足、现场救援机制不完善、救援程序不明确、救援指挥不科学等。应急准备不足是危险化学品应急管理中的短板、弱项。亟须按照习近平总书记关于应急管理的重要论述和党中央、国务院有关决策部署，加强源头治理、精准治理，切实防控系统性安全风险，解决危险化学品应急管理中的瓶颈性问题，补短强弱，全面提高危险化学品应急管理水平。

（三）防范化解危险化学品系统性风险的需要

危险化学品具有易燃易爆、有毒等危险特性，在生产、经营、使用、储存、运输、废弃物处置等各环节均易发生火灾、爆炸、泄漏、中毒等事故，具有发生突然、发展迅速、原因复杂、后果严重、容易发生多米诺骨牌效应等特点。危险化学品事故影响因素多、处置技术要求高，一旦处置不当，极易引发次生事故、事件，不仅会直接造成重大的财产损失和人员伤亡，还会危及公共安全、环境安全和社会稳定。

当前，我国生产、使用的化学品数以万计，列入危险化学品目录的有 2800 多个种类，千万吨级的炼油生产装置屡见不鲜，单罐超100000 m³ 的巨型储罐日益普遍，产品多样化、工艺复杂化、装置大型化、企业聚集化、储存巨量化等新变化带来事故后果灾难化、影响范围广泛化等诸多重大新风险。这些新风险与我国化工历史欠账多、基础条件总体薄弱、本质安全状况差等旧有风险叠加，极易导致事故后果迅速恶化升级，引发重特大事故，引发国内外社会高度关注，影响我国国际形象。

当前，中国面临的国际市场竞争日益激烈，生产安全事故更容易成为国外敌对势力假借人权、环境保护等名义设置非关税贸易壁垒，打压中国经济建设的工具。与此同时，随着社会主要矛盾的变化，生命安全和身体健康成为人们对美好生活向往的根本关切点，人民可接受风险的水平明显降低。新旧安全风险的叠加增多与可接受风险水平的降低形成巨大的剪刀差，对防范化解重大风险带来严峻考验，对全面建设小康社会、实现中华民族伟大复兴的中国梦构成严重障碍。随着突发事件的关联性、衍生性、复合性和非常规性不断增加，一次传统意义上的生产安全事故转化为社会、经济等风险的可能性不断加大。

没有安全，就没有可持续健康发展。必须从前所未有的高度，采取前所未有的措施，强化应急准备，提高应急保障能力，全面防范化解危险化学品系统风险，遏制重特大事故发生。

（四）提高应急准备科学性和执法检查精准性的需要

危险化学品生产安全事故具有明显的突发性、复杂性、严重性、持久性，救援处置难度大，因此决定了危险化学品企业生产安全事故应急准备内容繁多，涉及面广，专业性强，工作要求高。虽然危险化学品安全生产有关法律、法规、规章、标准和规范性文件成百上千，但是危险化学品生产安全事故应急救援的专一性法律、法规、标准和规范性文件很少，多散见于危险化学品安全生产相关法律、法规、规章、标准和规范性文件中。要从中搜集汇总，既需要丰富的化工专业知识，又需要丰富的危险化学品法律知识，专业要求高，工作量大，很容易出现疏漏。

应急准备不会干、干不好这是困扰危险化学品企业，特别是民营、小微企业的难题，急需破解。对应急准备工作不会查、查不好也是长期困扰政府部门监督检查危险化学品企业应急管理工作的瓶颈性问题，同样急需解决。

中共中央办公厅、国务院办公厅印发的《关于全面加强危险化学品安全生产工作的意见》要求强化安全监管能力，在对涉及危险化学品企业进行全覆盖监管基础上，实施分级分类动态严格监管，加强执法监督，及时发现风险隐患，及早预警防范，提升监管效能。应急管理部在"不忘初心、牢记使命"主题教育中，急基层所急，为民服务解难题，结合国务院"放管服"要求，将《指南》列入"指导高危行业防范系统性风险"的四项措施之一。《指南》既为危险化学品企业开展应急准备工作提供了简易工作工具，有利于提高应急准备的科学性，又为政府部门监督检查危险化学品企业生产安全事故应急准备工作提供了简单实用的工作工具，有利于提高政府监管的精准性。

总之,《指南》的编制施行,是贯彻落实习近平新时代中国特色社会主义思想和党中央、国务院决策部署的需要,是防范化解危险化学品系统性风险的具体举措。建立应急准备长效机制,推进危险化学品企业生产安全事故应急准备工作规范化、高效化,对推进应急管理体系和能力现代化,具有重要的现实意义和长远意义。

二、编　制　原　则

《指南》编制始终坚持以下四个原则:

(一) 坚持依法依规,规范管理

全面依法治国是中国特色社会主义的本质要求和重要保障。建设中国特色社会主义法治体系、建设社会主义法治国家是全面推进依法治国总目标。坚持依法依规是危险化学品企业生产安全事故应急准备工作的底线,是《指南》编制的根本遵循。《指南》充分体现依法治国理念,工作表中的各要素内容均以现行安全生产和应急管理法律、法规、规章、标准及有关文件为依据,推动企业依法准备,严格落实,规范管理。

(二) 坚持理论创新,方法创新

创新是引领发展的第一动力。理论来源于实践并用于指导实践,需要不断总结创新。危险化学品事故种类多,成因复杂,相应的应急准备要求高,专业性强,而危险化学品应急救援要求散见于大量相关法律、法规、规章、标准和规范性文件之中,对依法开展应急准备工作极为不便。为有效化解危险化学品企业应急准备不规范、不充分的问题,《指南》遵循生产安全事故应急准备工作规律,以落实应急准备、提高救援成效为核心,出实招,求实效。既从宏观上进行理论指导,又在微观上提供具体操作方法和内容;既博采众长,充分吸纳先进成果和好经验、好做法,又勇于打破传统思维束缚,锐意创新。例如，对应急准备内涵进行了拓展；提出了思想理念是应急准备的第一要素，等等。

（三）坚持全程贯穿，系统完整

突发事件应对工作包括预防、应急准备、应急响应、应急恢复四个阶段。应急准备不仅是其中一个阶段，同时是贯穿四个阶段的重要基础活动。应急准备，是指以风险评估为基础，以先进思想理念为引领，以防范和应对生产安全事故为目的，针对事故监测预警、应急响应、应急救援及应急准备恢复等各个环节，在事故发生前开展的思想准备、预案准备、机制准备、资源准备等工作的总称。《指南》根据生产安全事故应急准备工作规律，从思想理念、风险评估、监测与预警、应急处置与救援、应急准备恢复等方面，对企业生产各环节、全过程进行了系统性考量。

现场应急处置是应急人员、装备、物资在事故发生后的紧急组合行动。有力、有序、有效的行动取决于事前充分的应急准备，必须从事前预防、事中处置、事后恢复三个阶段，从监测预警、应急响应、应急救援及应急准备恢复等各个环节，进行系统、充分的思想准备、预案准备、机制准备、资源准备，彻底解决"出现险情如何预防、发生事故如何处置、减损能力如何恢复"的问题。系统准备是安全生产应急救援准备的普遍原理。准备不系统，必然有漏洞，只要有漏洞，救援必被动。

（四）坚持服务基层，效能优先

《指南》坚持问题导向，着力建立危险化学品企业应急准备管理长效机制。在对应急准备从理论上进行系统阐述外，把具体的危险化学品生产安全事故应急准备工作进行了清单式管理，既有理论指导性，又有具体可操作性，切实为危险化学品企业开展生产安全事故应急准备工作提供了方便，提高了成效。通过把雷厉风行和久久为功有机结合，推动危险化学品企业以钉钉子精神做实、做细、做好各项生产安全事故应急准备工作，把牢事故应急处置的主动权。

三、功 能 定 位

《指南》是应急管理部为民服务解难题，指导危险化学品企业提高应急处置能力，防范化解危险化学品系统性风险的具体措施之一。解难题、提能力是《指南》编制的出发点和落脚点。基于此，《指南》有以下三个功能定位：

（一）把握生产安全事故应急准备工作规律

《指南》根据应急管理的基本理论和风险管理、企业管理等基础理论、先进经验和成熟做法，对生产安全事故应急准备工作进行了全面深入的分析、总结、提炼，确定了贯穿生产全过程各环节的 14 个要素，搭建了系统开展应急准备的工作框架。同时，对每个要素的内涵进行了梳理，针对应急准备工作实际，提炼出 47 个工作项目，建立一个个既有理论支撑，又与实际工作贯通的工作单元。最后，向每个项目内填充危险化学品生产安全事故应急准备的内容。

应急准备系统及其要素、项目的确定，充分把握了生产安全事故应急准备工作的一般规律，具有普适性，即该《指南》要素、项目搭建的应急准备工作框架，不仅适用于危险化学品领域，也可供矿山、工贸行业企业开展应急准备工作参考，所不同的只是项目中的内容源于不同行业领域的相关法律、法规、标准、规范和部门规章等。

（二）指导企业开展应急准备工作的工具

危险化学品企业生产安全事故应急准备工作涉及大量相关法律、法规、规章、标准和规范性文件，不仅搜集汇总工作量大，工作应用也不易。《指南》在对应急准备原理进行系统阐述的基础上，把具体的危险化学品生产安全事故应急准备工作进行了清单式管理，既具宏观指导性，又有微观操作性，为危险化学品企业生产安全事故应急准备提供了良好的工作工具。

（三）监督检查企业应急准备工作的工具

危险化学品企业应急准备工作要求多、专业性强，给政府有关部门、危险化学品企业上级公司（集团）监督检查危险化学品企业应急准备工作带来了难题。由于专业知识缺乏、有关法规要求掌握不全导致的不会查、查不准的问题普遍存在。《指南》把危险化学品生产事故应急准备工作做成了简单直观的"清单"，为政府有关部门、危险化学品企业上级公司（集团）的监督检查提供了便捷的工作工具，会大大提高监管成效。

四、编　制　过　程

《指南》编制不仅工作量大，编制依据繁杂，对筛选提炼的专业性要求高，而且对危险化学品企业生产安全事故应急准备工作进行系统梳理，确定边界清晰的要素，并结合实际确定各要素下的具体工作项目，难度也很大。通过群策群力、集思广益编制完成了《指南》。

（一）厘清工作思路，确定编制框架

国家安全生产应急救援中心多次组织中国石油、中国石化、中国海油、中国中化、中国化工信息中心、中石化青岛安全工程研究院等单位和部分国家危险化学品救援队伍专家对《指南》的功能、架构、内容进行研讨，理论结合实际，集思广益，确定了《指南》的体例结构和内容框架。

（二）突出宏观指导，兼具微观操作

《指南》采用了"正文+附件"的结构形式。《指南》正文，主要遵循应急管理原理和生产安全事故应急准备工作的一般规律，对应急准备的内涵、风险评估的作用、应急准备系统的构成要素、各个应急要素的内涵等进行了系统阐述，突出《指南》的宏观指导性，为

企业开展应急准备工作提供了科学的理论指导和无限的工作空间。《指南》附件，以表格形式具体列出了14个要素及其包含的项目、具体内容和依据，凸显了《指南》的具体可操作性。

（三）全面识别法规，系统细致准备

充分发挥安全专业服务机构的人才优势、专业优势和资源优势，由专业团队全面搜集整理应急准备有关法律、法规、制度、标准和文件。起草人员以这些依据为基础，对《指南》反复进行细化、优化。

（四）广泛征求意见，深入凝聚共识

初稿完成后，先后征求各省级应急管理机构和中国石油、中国石化、国家能源、中国中化等央企，以及应急管理部救援协调和预案管理局、危险化学品安全监督管理司、安全生产基础司、安全生产执法局、政策法规司、调查评估和统计司、消防救援局等司局（单位）意见，并通过应急管理部官网"互动–征求意见"栏目向全社会公开征求意见。对于征集到的各方面意见和建议，起草组认真研究，充分吸纳，凝聚共识，不断对《指南》进行完善。

五、主 要 内 容

《指南》内容丰富，系统完整，内容概括起来主要有"九个一"。

（一）拓宽了一个范畴

目前，业界普遍将应急管理内容分为应急预防、应急准备、应急响应和应急恢复4个阶段。《生产经营单位生产安全事故应急预案编制导则》（GB/T 29639—2013）中对应急准备进行了定义：针对可能发生的事故，为迅速、科学、有序地开展应急行动而预先进行的思想准备、组织准备和物资准备。本《指南》变狭义应急准备为广义的应急准备，覆盖了应急预防、应急准备、应急响应和应急恢复各个阶段，贯穿事故监测预警、应急响应、应急救援及应急准备恢复等各个

环节。

（二）创新了一个理念

大量的应急管理实践证明，应急思想准备对于突发事件的应对成效起着至关重要的作用。特别是当今社会发展变化很快，生产经营规模、新业态发展迅速，高不确定风险因素越来越多，应对难度越来越大，需要管理者必须进行充分的思想准备，特别是建立并固化良好的应急管理理念，以便科学应对，快速化解危机。今年，面对来势汹汹的新冠肺炎疫情，以习近平同志为核心的党中央，始终坚持把人民群众生命安全和身体健康放在第一位的"生命至上，人民至上"理念，不惜代价，不计成本，全力抗疫，迅速稳住疫情并不断向好，就是一个有力的例证。

应急准备的组成要素很多。美国的应急准备能力评估系统（CAR），着重于应急管理工作中的法律法规、灾害识别与防御评价等 13 项管理职能、56 个要素；日本的地方公共团体防灾能力的评价项目涉及灾情研判预警、减灾对策、应急体制等 9 个方面的内容；澳大利亚政府委员会（CAG）组织实施的突发自然灾害应急管理的评估涉及灾害应急政策、备灾措施、应急反应等 8 个方面内容；国内的应急能力评估系统多与美国应急准备能力评估系统（CAR）类似。国内外均没有将思想理念纳入应急评估。理念决定方向，思想决定行动。《指南》坚持以习近平新时代中国特色社会主义思想为指引，贯彻新发展理念，将"思想理念"作为保障应急准备充分的决定性因素，置于应急准备工作的引领位置。

（三）明确了一个底限

危险化学品企业应急准备工作内容很多，诸多应急准备内容没有最好，只有更好，备无止境，譬如应急预案、处置方案、应急装备等。那么，应急准备到什么程度就算充分了呢？《指南》首先明确了底限要求：满足现行危险化学品生产安全事故应急准备相关法律法规要求，并不断进行法律识别与转化，及时完善应急准备要素及其项目、内容和依据，持续符合现行法律法规制度要求；在此底限之上，以满足实际需求为准则，结合企业实际，再行丰富应急准备内容。

（四）强化了一个基础

风险管理是安全生产的核心工作，是研判应急管控对象的前提和基础。《指南》根据应急管理原理，强调指出：风险评估是企业开展应急准备和救援能力建设的基础。危险化学品企业要在风险评估基础上，针对可能发生的生产安全事故特点和危害，有的放矢，持续开展应急准备工作。特别是运用情景构建技术，准确揭示本企业小概率、高后果的"巨灾事故"，开展有针对性的应急准备工作。

（五）丰富了一个系统

国内外对于应急准备虽然都建立了由多要素构成的系统，要素不同，系统内容自然不同。《指南》扩大了应急准备的范畴，增加了思想理念、应急准备恢复等要素，丰富了传统的应急准备系统，有助于提高应急准备的充分性。

（六）明确了一套要素

《指南》对应急准备系统的内容进行了全面梳理，对不同内容进行分类归纳，提炼出了思想理念、组织与职责、法律法规、风险评估、预案管理、监测与预警、教育培训与演练、值班值守、信息管理、装备设施、救援队伍建设、应急处置与救援、应急准备恢复、经费保障14个边界清晰的应急准备要素，列出了组成每个要素的若干项目和具体内容，提高了《指南》的条理性、层次性和实用性。

（七）制作了一张清单

《指南》根据现行法律、法规、规章、标准和规范性文件，对应急准备系统的各个要素及其组成项目、具体内容，制作了《危险化学品企业生产安全事故应急准备工作表》，通过对危险化学品企业生产安全事故应急准备进行简便、直观的"清单"式管理，提高应急准备工作效率。该工作表不能一成不变，应根据企业的实际情况、国家法规制度的变化而不断调整完善，对上依法合规，对下满足企业需要。

（八）打造了一个工具

《指南》构建了一个由 14 个要素组成的应急准备系统，并将每个要素及其组成项目、具体内容等制作成工作表，既便于危险化学品企业自行开展生产安全事故应急准备工作，也便于有关部门开展监督检查；既是企业开展应急准备工作的工具，又是政府开展监督检查工作的工具。

（九）建立了一个机制

对危险化学品企业应用《指南》开展应急准备工作，《指南》根据现代企业 PDCA 管理原理，建立了应急准备持续改进提升机制，要求对危险化学品企业定期开展多种形式、不同要素的应急准备检查，并将检查情况作为企业奖惩考核的重要依据，推动问题发现与整改，持续提高应急准备工作水平。

六、应 用 要 求

根据中共中央办公厅、国务院办公厅印发的《关于全面加强危险化学品安全生产工作的意见》和《应急管理部办公厅关于印发〈危险化学品企业生产安全事故应急准备指南〉的通知》（应急厅〔2019〕62 号）等有关要求，各级应急管理部门和危险化学品企业落实《指南》要重点做好以下四项工作：

（一）加强宣贯，指导实施

各级应急管理部门和有关中央企业要切实抓好《指南》的实施工作，加强宣传教育培训，指导危险化学品企业全面掌握有关要求，使之知其然，又知其所以然，理论结合实际，认真做好危险化学品生产安全事故应急准备工作。

(二) 紧盯风险,全面加强

危险化学品企业要认真组织开展学习,准确理解和认真落实《指南》的各项要素,牢固树立风险管控思想,加强风险评估,针对本企业安全风险特点,有的放矢,全面加强应急准备工作,既要着力"救早救小",更要竭力防控大灾大难,坚决防范和遏制重特大事故。

(三) 结合实际,充实清单

本《指南》虽然根据生产安全事故应急准备工作规律和有关法律法规标准,列出了一系列要素、项目和内容,但仅有这些是不够的。危险化学品企业要以满足企业应急救援实际需求为根本遵循,依据最新法律、法规、规章、标准和结合企业实际需要,不断丰富完善工作清单,提高清单的完整性、实用性。

(四) 监督检查,及时纠正

危险化学品应急准备内容多,专业性强。应急准备没有最好,只有更好。应急管理部门要加强监督检查,督促企业深入落实,持续提高应急准备工作水平。对辖区内危险化学品企业学习《指南》不深入,贯彻落实不到位,未按照要求全面加强应急准备工作的,要采取有效措施予以纠正。

第二部分

条 文 解 读

◎编制目的和依据

◎适用范围

◎工作原则

◎要素项目

◎实施要求

◎监督检查

一、编制目的和依据

第一条　为加强危险化学品企业安全生产应急管理工作，有效防范和应对危险化学品事故，保障人民群众生命和财产安全，依据《中华人民共和国突发事件应对法》《中华人民共和国安全生产法》《生产安全事故应急条例》和《生产安全事故应急预案管理办法》等法律、法规、规章、标准和有关文件（以下统称现行法律法规制度），制定本指南。

【条文主旨】 >>>>>>

本条是关于《指南》编制目的和编制依据的规定。

【条文解读】 >>>>>>

（一）编制目的

1. 直接目的

贯彻落实习近平新时代中国特色社会主义思想和党中央、国务院关于危险化学品安全生产和应急管理工作的决策部署，指导危险化学品企业强化生产安全事故应急准备，依法依规建立系统、规范的应急准备工作体系，提高应急管理工作水平，有效防范和应对危险化学品事故，切实保障人民群众生命和财产安全。

近年来，江苏响水"3·21"特别重大爆炸事故、天津港"8·12"瑞海公司危险品仓库特别重大爆炸事故、山东日照石大科技石化有限公司"7·16"着火爆炸事故、福建省腾龙芳烃（漳州）有限公司"4·6"爆炸着火事故等多起危险化学品事故，造成重大人员伤亡和财产损失，引发社会广泛关注。火灾、爆炸、毒气泄漏等危险化学品事故在初期阶段的应急处置至关重要，稍有迟缓，既会给人民群众生命财产安全带来巨大损失，又会给党和政府的执政形象带来严重影响，还会给社会公共安全带来极大危害，必须救早救小，以高效、有力的应急救援降低事故等级、避免次生衍生事故。"凡事预则立、不预则废"，企业只有平时依法依规做好应急准备各项工作，才能在事故发生时高效响应、有力处置，最大限度减少损失和减轻影响。当前，危险化学品企业负责人虽然对应急准备有一定认识，但实际工作中不会干、干不好、不系统的问题较为突出，本《指南》着力帮助企业解决这一"痛点"。

2. 根本目的

以习近平新时代中国特色社会主义思想为指引，坚持以人民为中心，推动危险化学品企业贯彻落实安全发展理念，弘扬生命至上、安全第一的思想，坚决遏制重特大安全事故，使人民获得感、幸福感、安全感更加充实、更有保障、更可持续，为实现中华民族伟大复兴的中国梦创造安全稳定的社会环境。

（二）编制依据

本《指南》的依据包括习近平总书记对安全生产工作的重要批示指示，十九大报告，党中央、国务院印发的 5 个规范性文件，10 部法律、行政法规、部门规章，14 个标准规范，11 个部委规范性文件。

需要特别指出的是，本《指南》严格贯彻落实国务院"放管服"要求，相关要求均有法规、标准和文件支撑，方便企业的同时没有新增企业负担或减损企业权利。

二、适 用 范 围

第二条 本指南适用于危险化学品生产、使用、经营、储存单位（以下统称危险化学品企业）依法实施生产安全事故应急准备工作，也可作为各级政府应急管理部门和其他负有危险化学品安全生产监督管理职责的部门依法监督检查危险化学品企业生产安全事故应急准备工作的工具。

本指南所称危险化学品使用单位是指根据《危险化学品安全使用许可证实施办法》规定，应取得危险化学品安全使用许可证的化工企业。

【条文主旨】 >>>>>

本条是关于《指南》适用范围的规定。

【条文解读】 >>>>>

（一）《指南》的适用范围

《指南》的适用范围主要参考《危险化学品安全管理条例》（国务院令第 591 号，2013 年修正本）的调整范围，适用于危险化学品生产、使用、经营、储存单位。其中，危险化学品使用单位是指根据《危险化学品安全使用许可证实施办法》规定，应取得危险化学品安全使用许可证的化工企业。

（二）《指南》不适用的特殊情形

由于危险化学品运输具有突出的流动性、零散性，发生事故后，主要依靠事发地的专业应急救援力量，因此，本《指南》未将其纳入适用范围。与此同时，考虑到危险化学品使用单位范围较广，涵盖工贸、矿山、化工、机械制造、电子制造等国民经济各行业领域，为突出重点管控，《指南》未将不需取得危险化学品安全使用许可证的使用企业纳入适用范围。其他涉及危险化学品的企业可以借鉴本指南开展应急准备工作。

三、工　作　原　则

第三条　依法做好生产安全事故应急准备是危险化学品企业开展安全生产应急管理工作的主要任务，落实安全生产主体责任的重要内容。

应急准备应贯穿于危险化学品企业安全生产各环节、全过程。

危险化学品企业应遵循安全生产应急工作规律，依法依规，结合实际，在风险评估基础上，针对可能发生的生产安全事故特点和危害，持续开展应急准备工作。

【条文主旨】 >>>>>

本条是关于企业运用《指南》开展应急准备工作原则的规定，主要包括企业应急准备工作的定位、工作总体要求。

【条文解读】 >>>>>

(一) 应急准备工作定位

1. 应急准备是危险化学品企业安全生产应急管理工作的主要任务

"凡事预则立，不预则废"，应急准备是应急救援的核心和基础。《中华人民共和国突发事件应对法》将突发事件应对工作分成了 4 个阶段，分别是预防与应急准备、监测与预警、应急处置与救援、事后恢复与重建，把预防与应急准备放在首位，并将预防为主、预防与应急相结合作为突发事件应对工作的原则，这充分体现了"不打无准备之仗""有备无患"的思想，且可以有效避免应急状态下的不知所措、无力应对。

2. 应急准备是危险化学品企业安全生产主体责任的重要内容

应急管理是企业安全管理的重要组成部分，是防范化解重大安全风险、遏制重特大事故的重要措施。《中华人民共和国安全生产法》提出了安全第一、预防为主、综合治理的 12 字方针，并明确强化和落实生产经营单位的主体责任。《生产安全事故应急条例》（国务院令第 708 号）第四条明确规定生产经营单位应当加强生产安全事故应急工作，建立、健全生产安全事故应急工作责任制，其主要负责人对本单位的生产安全事故应急工作全面负责。"欲被人救，必先自救"，企业作为生产安全事故的第一主体，应强化应急管理，把应急准备作为企业安全生产主体责任的重要内容，尽己所能地全方位做好应急准备工作，尽力降低可能发生的事故带来的影响。

（二）危险化学品安全生产应急工作基本规律

危险化学品生产安全事故应急由于其事故特性及演变规律，也有一些基本规律可以遵循，遵循这些规律将可以有效降低事故后果和影响。

1. 风险识别是应急准备工作的基础

只有先知道了将面对什么样的风险，才能知道怎么去面对它，用什么去面对它。《生产安全事故应急条例》（国务院令第 708 号）明确规定了生产经营单位应当针对本单位可能发生的生产安全事故的特点和危害，进行风险辨识和评估。

面对的风险不同，所需做的应急准备也有所不同。例如，大多数易燃液体储存设施应配备泡沫、干粉等灭火剂，但如果涉及环氧丙烷、环氧乙烷等物质则需要使用抗醇泡沫；对于储罐、气瓶等容器需要考虑配备堵漏设备或起重设备，以便在泄漏时进行堵漏，在起火时能够将容器移离火场；临海临江油库要配备吸油毡、围油栏等设备，避免泄漏油品流入水系造成更加严重的后果。

2. 救早救小，事半功倍

事故发生通常是有一个由小到大的过程的，这个过程耗时几分钟或几个小时不等，如能及时发现事故特别是事故的征兆，并迅速响应，就能够迅速控制事故，甚至将事故消灭在萌芽状态，最大限度地避免事故或降低事故造成的严重后果。反之，如果不能在事故初期做好处置和应急工作，一个很小的事件也可能酿成极其严重的事故后果。例如，浙江宁波锐奇日用品有限公司"9·29"重大火灾事故，事故初期仅有少量危险化学品和包装品起火，但因为现场人员缺乏应急培训，对自己岗位的风险和应急处置措施、逃生手段不了解，导致错失了处置事故的黄金时间，最终酿成 19 人死亡、所在建筑全部过火的惨剧，给伤亡人员家庭和企业经营者都带来了惨痛的损失。

3. 工欲善其事，必先利其器

做好一件事情，准备工作很重要。放在安全生产应急救援上，就是说在发生事故时要想及时有效地进行应急救援及处置，就一定要提前做好准备工作，科学配备专业的、针对性的应急救援装备和物资。

企业应针对本企业可能发生的事故类型，科学配备专业的灭火、转输、洗消、堵漏、破拆、防化、个体防护、侦检、搜救、警报、通信、后勤保障等应急救援装备和物资，并建立应急装备和物资清单。此外，企业要格外重视应急装备和物资的定期维护和保养，使之处于临战状态。现阶段部分企业不重视安全设施的运行和维护，譬如报警器年久失效导致不能及时发出警报信息，错失救援时机；一些液位联锁被摘除，间接造成泄漏发生；一些消火栓锈死、不出水，一些泡沫超过有效期失去作用，到发生事故需要用到的时候才发现。

4. 准备充分，科学救援，方可有力有序有效

每一个企业都应该做好风险评估，科学评估每一个部位和每一个岗位所面临的风险；针对不同风险逐一提出所应采取的应急措施；明确每一名岗位员工和有关人员在面对突发状况时的应对措施；做好员工培训；编制好应急预案和处置方案；定期开展实战化应急演练；配备必要的、足够的应急装备物资。只有这样，才能在事故来临时不慌不乱，有效处置，将事故损失降到最低。

（三）持续改进应急准备工作

世界上万事万物时刻都在变化之中，唯一不变的就是"变"。即使自身感觉不到变化，相联系的环境事物也在发生变化。企业风险法律法规、科技创新等方面的不断变化是持续改进应急准备工作的必然要求。

1. 企业风险动态变化

企业在工艺变更、生产量变化、储量变动、人员变动、作业实施、操作规程和管理规定的制定和执行等各种波动中，风险是处于动态变化的，因此，必须及时辨识和掌握自身的风险变化情况，有的放矢，针对性地做好应急准备工作。只有这样，才能保证应急准备工作的时效性和有效性。这就要求企业必须建立常态化的风险辨识规章制度和运行体系，建立风险清单，加强变更管理，并及时修订应急救援预案。

2. 法规标准要求动态变化

应急准备工作涉及的法律法规和标准规范不是一成不变的，新的法规标准的制定实施或者现有的法规标准的修订均可能对已经进行的应急准备工作造成影响，如果其对应急准备工作有新的或者更高的要求，而企业不能及时辨识并加以执行，将可能造成企业违法违规生产经营，在不知不觉中形成事故隐患。这就要求企业必须建立识别和获取适用的安全生产和应急管理法律法规、标准规范及政府其他有关要求的管理制度，明确责任部门或责任人，确定获取渠道和获取方式，建立清单或数据库，及时识别和获取，定期更新。最重要的是，要及时开展对标，查缺补漏。

3. 应急救援新成果推陈出新

随着科学技术的日益进步，应急救援理念日益发展，新技术、新装备、新方法层出不穷，大大提高了应急救援与处置的科学化、智能化、自动化水平，使应急救援与处置的效率不断提高，极大降低了事故损失和人员伤亡风险。

近年来，超细干粉灭火剂、气溶胶灭火剂、超细雾灭火剂等各类新型高效灭火剂不断涌现。为应对化工装置不断大型化，大跨距举高喷射消防车、大流量消防炮、涡喷消防车等，远程供水系统、泡沫集输系统等均实现了国产化。为降低救援人员二次伤害风险，提高救援效率，自动灭火系统、侦检机器人、灭火机器人、排烟机器人、搜救机器人等自动化、智能化装备层出不穷；手持式红外拉曼分析仪、红外成像气体检漏仪、多通道复合气体检测仪等新型侦检装备蓬勃发展。善事之工其器利，器利则事半功倍，企业要及时跟踪应急救援及处置装备的发展，不断更新换代，持续提升应急准备的能力水平。

4. 可接受风险水平不断降低

习近平总书记强调，不断地追求幸福美好的生活，是永恒的主题，是永远进行时。随着社会的发展、科技的进步、生活水平的提高，人们可接受的风险水平越来越小。这就要求企业要不断采取措施，持续改善和降低风险。在全球化不断加剧、市场竞争日益激烈的大环境下，企业必须充分履行社会责任，否则必定会被市场的洪流所淘汰。

四、要素项目

第四条 应急准备内容主要由思想理念、组织与职责、法律法规、风险评估、预案管理、监测与预警、教育培训与演练、值班值守、信息管理、装备设施、救援队伍建设、应急处置与救援、应急准备恢复、经费保障等要素构成。每个要素由若干项目组成。

【条文主旨】 >>>>>

本条是对应急准备内容的梳理提炼，对应急准备系统每个构成要素的内涵阐释，及每个要素组成项目的归纳整理。

【条文解读】>>>>>

(一) 应急准备定义解析

居安思危、预防为主、常备不懈，是我国应对各类突发事件的指导方针。本《指南》根据应急管理原理，充分吸纳现代应急管理成果，理论结合实际，在正文第九条专门对应急准备的含义进行概括，高度凝练了应急准备的目的、内容和总体工作程序。即以风险评估为基础，以先进思想理念为引领，以防范和应对生产安全事故为目的，针对事故监测预警、应急响应、应急救援及应急准备恢复等各个环节，在事故发生前开展的思想准备、预案准备、机制准备、资源准备等工作的总称。

(二) 运用系统思维开展应急准备

生产安全事故的应急管理是一个动态发展闭环管理的系统工程，包括事故的预防、应急准备、应急响应、事后恢复与重建等方面。危险化学品企业生产安全事故应急准备必须运用系统思维，有序做好以下工作：

一是明确应急处置原则，提高危机意识和应急管理能力。二是制定各类事故应急预案，有计划、有步骤地开展应急处置工作。三是开展风险评估，辨识风险，发现和确定危险源、危险区域，提高应急准备针对性。四是加强对负有事故处置职责的人员的培训，建立综合性和专业性应急救援队伍，组织应急演练和培训，做好思想、物资、技术、操作等方面准备。五是建立事故应对保障制度，包括经费准备、应急救援物资和生活必需品储备、应急物资生产能力储备、灾害保险等。六是建立健全应急通信保障体系，形成统一、完整的应急信息传输渠道。七是建立健全统一的应急信息系统，完善监测预警、信息报告、信息共享制度。八是建立有效的事故预警机制，包括发布警报，决定和宣布进入预警期，并采取相应的预警措施，保障公众知情权等。九是加强事故预防与应急、自救与互救常识的公民教育，加强应急领域有关理论、技术的研究开发。

为了将上述工作有力有序地开展，本《指南》根据生产安全事故应急准备工作的一般规律，结合我国应急管理实际，梳理归纳出思想理念、组织与职责、法律法规等14个准备要素，并对每个准备要素列出若干工作项目，然后针对每个工作项目，列出各项具体的工作内容和要求。

要素1：思想理念。 思想理念是应急准备工作的源头和指引。危险化学品企业要坚持以人为本、安全发展，生命至上、科学救援理念，树立安全发展的红线意识和风险防控的底线思维，依法依规开展应急准备工作。

本要素包括安全发展红线意识、风险防控底线思维、应急管理法治化与生命至上、科学救援四个项目。

【条文解读】 >>>>>

(一) 用科学的理论指导实践

伟大时代呼唤伟大理论，伟大时代孕育伟大理论。习近平新时代中国特色社会主义思想，是在中国特色社会主义进入新时代、科学社会主义迈向新阶段、当今世界经历新变局、我们党面临执政新考验的历史条件下形成和发展起来的，是马克思主义中国化最新成果，是党和人民实践经验和集体智慧的结晶，是全党全国人民为实现中华民族伟大复兴而奋斗的行动指南，是党和国家各项事业发展的根本遵循。

党的十八大以来，习近平总书记多次就事故应急处置工作作出重要批示指示，强调发展决不能以牺牲人的生命为代价，这是一条不可逾越的红线。以习近平同志为核心的党中央始终把安全生产作为统筹推进"五位一体"总体布局和协调推进"四个全面"战略布局的重要内容和民生大事，摆到前所未有的突出位置，将应急能力作为国家治理体系和治理能力现代化建设的重要内容加以部署和推动。危险化学品事故应急管理是安全生产应急管理的重中之重，要在实践中取得有效防范和应对事故、保障人民群众生命和财产安全的成效，就必须一以贯之的以习近平新时代中国特色社会主义思想为指引，遵循生产安全事故应急准备工作的一般规律，把危险化学品企业生产安全事故应急准备抓实、抓细、抓出成效。

实践是检验真理的唯一标准。近年来发生的多起损失严重的危险化学品事故，涉事企业大多没有把握危险化学品事故特点，因应急准备不充分而错过了事故处置"救早救小"的最佳时机。在日常工作中进行充分的软硬件准备，提高事故发生时第一时间响应效率，尽最大可能减少人员伤亡和财产损失，降低事故等级，是在危险化学品应急救援工作贯彻以人为本和安全发展红线意识的集中表现。科学的思想理念是做好应急准备的关键要素，对应急准备工作具有牵引作用。

（二）用科学的思想武装头脑

应急救援是安全生产的最后一道防线，对维护人民群众生命安全、减少事故损失具有重要作用，这也是企业安全生产责任体系五落实五到位规定强调要应急救援到位的原因。危险化学品企业生产工艺复杂多样，高温、高压、深冷等生产条件苛刻，涉及的物料大多易燃易爆、有毒有害，生产和储存装置大型化导致能量集中，一旦发生事故，往往后果严重，救援和处置难度较大。近年来，大连中石油国际储运有限公司"7·16"输油管道爆炸火灾事故、江苏响水"3·21"特别重大爆炸事故等多起典型危险化学品事故对人民群众的生命财产造成重大损失和威胁，社会影响恶劣，救援处置也付出了巨大代价，教训深刻。

企业能否做到应急救援到位关键看应急准备的思想理念是否科

学。危险化学品企业要切实按照底线思维要求，在安全生产工作部署和监督检查中将应急准备与风险管控、隐患排查治理摆在同等重要的地位。同部署、同落实。企业主要负责人对应急准备的重视程度应作为判断企业安全生产工作开展情况的重要标准。

为有效防范和应对危险化学品事故，最大限度减少人员伤亡和财产损失，危险化学品企业必须坚持科学发展、安全发展、高质量发展。牢固树立安全发展红线意识和风险防控底线思维，坚持"生命至上、科学救援"理念，针对本企业可能发生的生产安全事故特点和危害，依法依规持续开展应急准备工作，确保"战时"高效、有力、有序应对，以最小的代价取得最大的应急处置期望效果。

（三）现代危险化学品事故应急准备思想理念

1. 以人为本和安全发展红线意识

2016 年 10 月 31 日，习近平总书记对全国安全生产监管监察系统先进集体和先进工作者表彰大会作出指示，要求各级安全监管监察部门要牢固树立发展决不能以牺牲安全为代价的红线意识，以防范和遏制重特大事故为重点，坚持标本兼治、综合治理、系统建设，统筹推进安全生产领域改革发展。党的十九大报告提出了"树立安全发展理念，弘扬生命至上、安全第一的思想；贯彻以人民为中心的发展思想，始终把人的生命安全放在首位"的要求。2020 年 5 月 22 日，习近平总书记在参加十三届全国人大三次会议内蒙古代表团审议时强调"坚持以人民为中心的发展思想，体现了党的理想信念、性质宗旨、初心使命，也是对党的奋斗历程和实践经验的深刻总结"，指出"人民至上、生命至上，保护人民生命安全和身体健康可以不惜一切代价"。《中华人民共和国安全生产法》第三条规定：安全生产工作应当以人为本，坚持安全发展，坚持安全第一、预防为主、综合治理的方针，强化和落实生产经营单位的主体责任，建立生产经营单位负责、职工参与、政府监管、行业自律和社会监督的机制。

"以人为本"和"安全发展红线意识"是做好现代危险化学品事故应急准备工作必须首要坚持的思想理念。

2. 风险防控底线思维、法治思维

底线思维是防范化解重大风险的重要原则和工作方法。底线思维强调凡事做最坏的打算、尽最大的努力、争取最好的结果,有备无患、遇事不乱,牢牢把握应对主动权。危险化学品企业坚持风险防控底线思维,就是要以防控重大安全风险、遏制重特大事故为重点,做充分的应急准备,用大概率思维应对小概率事件,在应急处置过程中,坚持以人为本,用科学的方法、正确的措施、规范的程序、有力、有序、高效施救,杜绝盲目施救、错误施救。

法治思维是将法律作为判断是非和处理事务的准绳,它要求崇尚法治、尊重法律,善于运用法律手段解决问题和推进工作。危险化学品企业坚持法治思维,就是要清楚把握依法治国方略,依法依规开展准备。有关危险化学品生产安全事故应急准备工作的法律、法规、规章、标准等要求,是各项应急准备工作的最低要求,必须坚决执行。

在确保满足法律"最低要求"的前提下,进一步针对企业实际,从遏制重特大事故、应对极端事件的角度加强风险防控和应急准备,化解重大安全风险。日常工作中,危险化学品企业要将风险防控底线思维与法治思维相结合,建立健全各项应急管理工作制度,科学设定各项工作指标,对平时的应急准备等风险防控工作加强考核。

3. 生命至上、科学救援的理念

2013年11月15日,《国务院安委会关于进一步加强生产安全事故应急处置工作的通知》(安委〔2013〕8号)在总结多起事故应急救援经验教训的基础上,对安全有效施救提出了明确要求,救援过程中,要严格遵守安全规程,及时排除隐患,确保救援人员安全。救援队伍指挥员应当作为指挥部成员,参与制订救援方案等重大决策,并根据救援方案和总指挥命令组织实施救援；在行动前要了解有关危险因素，明确防范措施，科学组织救援，积极搜救遇险人员。遇到突发情况危及救援人员生命安全时，救援队伍指挥员有权作出处置决定，迅速带领救援人员撤出危险区域，并及时报告指挥部。2012 年，国家安全监管总局印发的《关于加强科学施救提高生产安全事故灾难应急救援水平的指导意见》（安监总应急〔2012〕147 号）要求生产经营单位要继续强化事故现场处置，赋予生产现场带班人员、班组长和调度人员直接决策权和指挥权，使其在遇到险情或事故征兆时能立即下达停产撤人命令，组织涉险区域人员及时、有序撤离到安全地点，减少事故造成的人员伤亡。生命是无价的，任何时候都要将"救人"作为应急救援的首要任务。危险化学品事故现场一旦出现险情，发生发展一般比较突然，"让听得见炮火的人指挥战斗"可以确保现场指挥员根据灾情变化第一时间决策并传达到一线战斗人员，在瞬息万变的救援现场为保护生命赢得宝贵的时间。事故发生时，不管是生产管理人员，还是救援现场指挥员，都要坚持"生命至上、科学救援"的理念，这是坚持以人民为中心的集中体现和具体实践。

要素 2：组织与职责。组织健全、职责明确是企业开展应急准备工作的组织保障。危险化学品企业主要负责人要对本单位的生产安全事故应急工作全面负责，建立健全应急管理机构，明确应急响应、指挥、处置、救援、恢复等各环节的职责分工，细化落实到岗位。

本要素包括应急组织、职责任务两个项目。

【条文解读】 >>>>>

（一）健全组织，明晰职责

一是要让企业主要负责人切实全面负起责任。"大海航行靠舵手。"企业主要负责人是企业生产经营活动的决策者、指挥者和组织者，是企业做好应急准备工作的关键。《生产安全事故应急条例》（国务院令第 708 号）确立了政府统一领导、生产经营单位负责、分级分类管理、整体协调联动、属地管理为主的生产安全事故应急体制，明确提出了企业主要负责人对本企业的生产安全事故应急工作全面负责，使全面抓好生产安全事故应急工作成为企业主要负责人的一项法定义务。全面负责是要求主要负责人要对本企业生产安全事故应急工作的各个方面、各个环节都要负责，而不是仅仅负责某些方面或者部分环节。从建立健全生产安全事故应急工作责任制、组织制定生产安全事故应急工作规章制度和操作规程、组织制定并实施生产安全事故应急工作教育和培训计划、保证应急管理投入的有效实施，到督促、检查生产安全事故应急工作，及时消除生产安全事故隐患，组织制定并实施生产安全事故应急救援预案以及及时、如实报告生产安全事故等，都要负起责任，不能"选择性负责"。

一般来讲，企业主要负责人就是其法定代表人，如公司制企业的董事长、执行董事或者经理，非公司制企业的厂长、经理等。对于合伙企业、个人独资企业、个体工商户等，其投资人或者负责执行生产经营业务活动的人就是主要负责人。对于实际中存在法定代表人和实际经营决策人相分离的情况，如跨国集团公司的法定代表人住在国外，且并不具体管理企业的日常生产经营活动，或者企业的法定代表人因生病或学习等原因长期缺位，由其他负责人主持企业的全面工作，在这种情况下，那些真正全面组织、领导企业生产经营活动的实际负责人就是企业主要负责人。但无论怎么讲，企业的法定代表人和实际控制人始终同为安全生产第一责任人。

二是要建立健全组织机构。对各项应急准备工作部署要求，光有领导的重视是不够的，必须通过强有力的组织去保证执行。没有组织，任何机构、单位、团体都是一盘散沙，工作做不了，事情做不成。只有有了组织机构，建立相互衔接配合的机制，高效实施应急准备，才能有效处置险情。因此，企业主要负责人必须高度重视，建立健全应急管理机构。在实际中，企业可结合《中华人民共和国安全生产法》，将应急管理机构和安全生产管理机构合并为同一个机构，设置负有应急管理职责的安全生产管理机构，或配备负有应急管理职责的专职安全生产人员。一般来讲，规模较大的企业应当设置负有应急管理职责的安全生产管理机构，规模较小的企业可只配备负有应急管理职责的专职安全生产管理人员，但必须满足本企业安全生产管理工作的实际需要。对于中央企业等集团化的大型企业，应建立健全应急管理组织体系，明确本企业应急管理的综合协调部门和各类突发事件分管部门的职责。

三是要明晰责任，狠抓落实。企业只有在对员工进行合理分工的基础上，明确每个部门和岗位的职责要求，才能把千头万绪的应急准备工作同每个人对应地联系起来，做到"事事有人管、人人有专责、件件抓落实"。因此，企业主要负责人必须结合自身情况，组织建立科学合理、行之有效的各级生产安全事故应急工作责任体系，明确应急响应、指挥、处置、救援、恢复等各环节的职责分工，并细化落实到岗位和人员，确定责任人员、责任范围和考核标准等，层层落实应急管理责任，使生产安全事故应急工作如臂使指，发挥最大效力。

（二）成立应急处置技术组的必要性和重要性

化工行业工艺复杂、技术密集，且危险化学品具有易燃、易爆、有毒、有害等危险特性，极易引发火灾、爆炸、中毒等事故，事故发展快、危害大、影响广，一旦处置不当，易引发多米诺效应，造成事故后果扩大升级，甚至衍生严重的环境与公共安全事件。

此外，危险化学品种类繁多，涉及的工艺、技术路线多样，即使相同的产品，其生产工艺、技术路线也可能不尽相同，面对不同的事故类型，需要不同的事故应急处置手段，处置难度大，技术要求高，因此危险化学品事故救援中离不开专业技术人员的支持。企业技术人员对本企业的危险化学品种类、数量、分布及其工艺、设备最熟悉、最了解，对危险化学品应急救援及处置能提出最具针对性的技术方案。"没有金刚钻，不揽瓷器活"。企业成立应急技术组，能够在事故发生后针对不同的事故类型，根据具体情况作出具体分析，及时作出准确判断，提出针对性应急处置措施和方案，提升事故应急处置的效率，这对"救小救早"，防止事态扩大至关重要，对于应急响应升级后的应急救援工作也能够起到重要的技术支撑作用。对于规模较大、危险性较高的易燃易爆物品、危险化学品等危险物品的生产、经营、储存单位必须成立应急处置技术组，实行 24 小时应急值班，并建立包括工艺、设备、电气、消（气）防、安全、环保等专业的应急专家库，为处置突发事件提供技术支撑。

要素 3：法律法规。 现行法律法规制度是企业开展应急准备的主要依据。危险化学品企业要及时识别最新的安全生产法律法规、标准规范和有关文件，将其要求转化为企业应急管理的规章制度、操作规程、检测规范和管理工具等，依法依规开展应急准备工作。

本要素包括法律法规识别、法律法规转化、建立应急管理制度三个项目。

【条文解读】 >>>>>

（一）法律法规识别与转化

1. 识别法律法规的作用

识别法律法规，依法开展应急准备工作，是坚守法治底线，做好风险防控和应急准备的基本要求。安全生产和应急准备相关的法律法规，是贯彻以人民为中心的发展理念、总结事故经验教训，从管理、技术层面提出的防控风险、改进和规范应急救援工作的有效措施，是企业推进安全生产和做好应急准备的依据。遵守和严格落实法律法规，是危险化学品企业风险防控和应急准备工作的最低要求，也是推动应急准备工作不断完善的基本依据。

识别法律法规，并依法落实相关要求，能及时消除风险防控和应急准备工作中存在的缺陷。例如，在多次危险化学品储罐泄漏应急处置过程中总结出大型储罐进出管线的紧急切断阀门是储罐风险防控、应急处置和防止事态扩大的关键措施，因此，《立式圆筒形钢制焊接储罐安全技术规程》（AQ 3053—2015）要求大型储罐应设高高液位报警联锁紧急切断装置，《遏制危险化学品烟花爆竹重特大事故工作意见》（安监总管三〔2016〕62 号）进一步明确：自 2017 年 1 月 1 日起，凡是构成一级、二级重大危险源，未设置紧急停车（紧急切断）功能的危险化学品罐区，一律停止使用。

识别法律法规，依法补充和完善应急救援装备和设施。法律法规是争取资金、保障投入的重要依据。危险化学品企业生产设施建成后，一般运行几十年，在这期间，由于行业和社会对风险认识的不断深入，一般不超过 5 年便会对相关设计规范进行更新完善并补充风险防控措施，企业应随着规范的调整，对原有生产设施的防范和应急装备、措施进行补充改进，此时，法律法规就是完善风险防控和应急措施，争取资金投入最有效的依据。

2. 法律法规识别的机制和途径

（1）建立识别法律法规的机制

及时识别和获知与企业相关的应急管理法律法规是企业依法经营的前提。必须建立健全应急管理法律法规识别机制。

首先，企业应明确获取应急管理的法律、法规、标准、规范的主管部门和获取的渠道及方式。从目前危险化学品企业的组织机构设置来看，对应急管理法律法规的识别可根据企业的实际管理情况，设置在企业的企管法规部门或者应急工作主管部门。但无论设置在哪个部门，都必须在制度层面上明确设置专职或兼职管理人员，明确专职或兼职管理人员的职责，同时明确各专业共同参与的职责和收集、入库、公告、符合性评价和适用性评估、转化以及落实的工作流程。

目前国内大型危险化学品企业通常有多个层级管理。一般情况下，如果下属企业的管理体制和生产性质相同，只需要将这个部门设置在最高管理层级的机关即可，识别后的法律、法规、标准、规范经过转化后，按企业内部管理方式下发到各个管理层级，这样既避免了重复性的工作，提高了工作效率，同时也能够保证识别的全面、准确。如果企业特殊，则应独立设置。

其次，建立应急管理的法律、法规、标准、规范的动态识别机制，明确获取的途径以及识别的方法，同时为了保证工作科学有效不遗漏，还应该建立法律、法规、标准和规范清单和文本数据库，并明确什么情形下需要更新，多长时间需要进行维护等事项。

再次，应急管理的法律、法规、标准、规范清单和文本数据库建立之后，各企业应该建立各层级管理部门共享机制。对下一个管理层级来说，在管理上除了在数据库中共享国家应急管理的法律、法规、标准、规范之外，还要把企业上级的要求一并纳入数据库，进行管理、使用和定期维护。

（2）常规的法律法规获取途径

企业获取应急管理法律、法规、标准、规范主要有以下途径：

一是通过各级政府下发的文件获取。一般情况下，政府发布的法律法规是通过文件方式传达到企业的。企业收到各级政府下发的关于应急管理的法律、法规、标准、规范等文件，要及时转发到所属单位，并提出转化要求。

二是通过官方网站获取。企业法律法规主管部门及应急管理专业部门应每日查看各级应急管理部门官网上的通知公告和最新公开信息，及时发现和获取法规文件。

三是通过全国标准信息公共服务平台、国家标准全文公开系统、中国标准服务网等官方网站，查询标准最新动态并下载标准文本。

四是通过关注中华人民共和国应急管理部、应急管理部宣传教育中心、中国化学品安全协会等微信公众号，包括当地政府应急部门的官方微信公众号，即时获知最新法律法规信息。

五是通过相关协会组织或购买第三方专业机构的法律法规查询服务，及时获取危险化学品应急管理相关法律法规。

3. 法律法规适用性评估和符合性评价

法律法规适用性评估是指对识别的安全生产和应急管理相关的法律法规进行分析，选择适用于企业的法律法规，以及企业必须遵守和应该转化落实的条款。

法律法规符合性评价方式是对照识别出必须遵守和应转化落实的法律法规和标准、规范条款，检查各项应急准备工作是否符合要求。

通过符合性评价，查找企业各项应急准备工作中不符合法律法规的有关条款，制定具体的改进措施，消除隐患和风险防控缺陷，规范管理和操作程序。

为保证法律法规符合性评价工作顺利开展，企业最好建立由各专业人员组成的评价小组，进行法律法规符合性评价。

法律法规符合性评价会遇到一些典型的问题，如老装置不符合新规范是否要改，法规中"宜"条款是否要采纳等等。

新颁布的安全生产和应急管理法律法规或法律法规修订、换版后的新条款是对风险防控措施认识的最新成果，法律法规中强制要求的条款，企业都应该执行。如果不能直接按要求落实，那就应该采取措施达到法律法规要求。采取的这类变通补救措施，应该经设计和论证，论证过程应该请相关单位及专家参加，论证结果要得到法规发布、编制部门、单位的认可。

对于法律法规中"宜"的条款，一般是增强安全生产和应急管理的保障措施，在企业条件允许的情况下，建议尽量采用，可以改进和提高企业的风险防控和应急救援能力。

4. 法律法规的转化

识别法律法规的目的是转化落实法律法规。

《企业安全生产标准化基本规范》（GB/T 33000—2016）第 5.2.1 条规定：企业应将适用的安全生产和职业卫生法律法规、标准规范的相关要求转化为本单位的规章制度、操作规程，并及时传达给相关从业人员，确保相关要求落实到位。因此，危险化学品企业应该对适用的安全生产和应急管理的法律、法规、标准、规范进行转化。法律、法规、标准、规范的转化也需要建立或者纳入企业的管理制度，与上述的法律法规识别同步进行管理。

法律法规的转化就是依据法律法规条文，对标企业自身实际，制定满足或达到条款要求的方法和措施。法律法规转化方式一般有以下几类：

通过技术调整或完善方式转化。如《危险化学品监测预警系统建设指导书》中明确：监测预警系统应具有容错容灾和备份机制，具备网络传输及数据存储加密机制。这就要求企业对现有已经运行的监测预警系统进行检查评估，查看系统主机位置、功能和数据储存设施是否具有容错容灾备份机制，数据传输是否按网络保护等级要求设置了加密管理措施，是否制定并落实了备份和加密管理要求。如果不符合，就要从技术上调整完善，并制定管理制度，保证备份和加密措施得到有效落实。

通过增设或完善设施的转化。如 2000 年以前建设的大部分石油化工企业的消防水系统都没有实现稳高压，而新版的《石油化工企业设计防火标准》（GB 50160—2008，2018 年版）提出了这一明确要求，因此，企业就必须研究分析增设稳高压消防水系统的措施。因受原消防水管线、阀门、消火栓耐压等级制约，受装置平面和管线路径限制，基本上都是通过新建或对原消防水系统更换，以达到规范要求，提高企业应急保障能力。

通过完善制度、预案方式转化。随着应急工作不断加强，应急管理不足在部分企业表现非常突出，因此，国家应急管理部门不断发布有关要求，规范应急管理中关键环节。如2015年发布《生产安全事故应急演练评估规范》（AQ/T 9009—2015）就对应急演练评估工作进行了规范，目的是防止应急演练评估和预案改进这一有效的工具流于形式。企业就应通过完善制度，从如何评估方案、制定评估标准、选定和培训评估人员、实施多层次评估、编制评估报告、科学给出评估结论，提出整改计划，明确整改目标，制定整改措施，并跟踪督促整改落实方面进行全流程规范，明确各个阶段责任者和责任，并加强对制度的培训和监督执行，使制度真正发挥作用，才能实现法规转化的目的。

将法律法规条款要求转化成为制度时，必须注意结合企业的组织和岗位情况，转化成责任明确、程序流程清晰、具体可操作性制度，杜绝抄转方式的转化。如《危险化学品应急救援管理人员培训及考核要求》（AQ/T 3043—2013）中提到：危险化学品应急救援管理人员的培训应坚持理论与实际相结合，并且，在培训内容上也给出了相应的指引，但具体的理论和实际内容，就需要企业针对岗位实际存在的危险介质和应急处置方案在制度中给予明确，不能简单地照样抄发。同时，制度中应该明确理论和实际技能的培训方式、考核方式，明确培训讲师的资格条件，明确培训方案编制的合格标准、课件审查要求，只有依据完善严密的培训管理制度的落实才能真正做好培训工作。

在将法规要求转化成制度的过程中，凡是要审核的方案、程序、课件等，都应制定相应的合格标准，存在多专业会审情况时，应明确各专业审核的责任范围，避免编制和审查流于形式。

通过补充或完善操作程序转化。有些法规要求，可以直接在操作程序上完善，如《生产安全事故应急条例》（国务院令第 708 号）第十八条可以采取应急救援措施的第二款：通知可能受到事故影响的单位和人员，隔离事故现场，划定警戒区域，疏散受到威胁的人员，实施交通管制。企业在制定应急处置方案或程序时，就应该根据可能的危害发生情况，明确谁负责通知可能受到事故影响的单位和人员，用什么方式通知；警戒区域怎么划定，怎么组织和调整警戒区域；谁来疏散受威胁的人员，怎么疏散，往哪儿疏散等，只有按职能和实际条件明确上述内容，才能做到具有可操作性，才算基本落实条例中这一条款的要求。

5. 法律法规转化效果的评估

企业应该组织法律法规符合性评价小组定期对法规转化形成的设施、制度、规程等运行效果进行评估。如果是设施的增设和改进，必须在增设和改进后进行实际效果的测试；如果是制度完善，必须考查变更后、改善后的制度执行结果是否达到法规要求的目标，杜绝形式满足要求，实际却是摆设的现象。

（二）企业需要建立的应急管理制度

1. 危险化学品企业值班值守和信息报告制度的要点和注意事项

《生产安全事故应急条例》（国务院令第 708 号）第十四条规定：危险物品的生产、经营、储存、运输单位以及矿山、金属冶炼、城市轨道交通运营、建筑施工单位应当建立应急值班制度，配备应急值班人员。

应急值班制度应根据单位的性质和应急工作的需求，结合总体应急预案制定。在内容上应明确值班的机构、人员资质、应急职责、值班地点、轮班方式等内容。

在值班机构的层级上，对管理层级较多的大型危险化学品企业，从集团公司、地区公司、二级工厂、生产车间或站队到生产岗位，各级组织都应该制定本级的应急值班制度，不能以上级的制度代替下级的制度。应急值班制度中涉及基层岗位操作人员的应急相关要求，应纳入岗位操作规程之中，避免出现"两张皮"现象，便于基层岗位员工执行。

在应急值班的性质上，可分为领导值班、应急管理部门值班、专职应急队伍值班、基层单位生产指挥人员值班等几类。因为各类机构的值班职责和工作性质不同，在制度中应该针对具体情况进行详细界定，不能笼统地提出要求。

应急值班人员需要在事故发生的第一时间快速作出反应，按应急预案展开初期预警、信息报告，并采取先期处置措施、实施应急组织指挥，为此应急值班制度中应明确各级值班人员的条件，对其职务、专业能力、工作年限、应急培训等做出明确的要求，以保证应急值班人员能够有效完成值班职责。

应急值班制度的制定和修订过程中，应该与单位总体的应急预案和专项应急预案紧密结合，防止出现"两张皮"现象。其中包括应急值班人员与总体预案中的组织机构，应急值班职责与应急预案中组织机构的职责都应该有机对应；也包括专职应急队伍中的应急力量配置要求与各个专项应急预案相对应。

应急值班制度中应当明确值班地点和值班电话，并根据值班性质明确值班方式是否采用坐岗制。因应急值班必须全天候，因此如果不采用坐岗制的应急值班，应在制度中明确人员用餐、如厕等暂时离开值班地点等情形的要求，确保值班不断档。超过 12 小时的应急值班，在制度中还应该明确是否采用轮班制以及相应的要求。

设有专职应急救援队伍的企业，在应急值班制度中应对专职应急救援队伍值班提出原则性要求。专职应急救援队伍应建立专门的战备执勤管理规定，明确执勤人数、执勤装备、执勤状态、轮班方式等专业化管理内容。依托大型危险化学品企业设置的国家危险化学品应急救援队，执勤战备制度应当符合相应的法律、法规、标准和行业主管部门的要求。

应急信息的接收和上报，是应急工作的重要内容。因此在上述各级应急值班制度中都应当包括本级的信息报告制度。在信息报告制度中，一是应当明确事故信息接收、通报程序和责任人；二是应当明确事故发生后，事故现场的有关人员应立即向本单位负责人报告，单位负责人接到报告后，应当于1小时内向事故发生地县级以上人民政府安全生产监督管理部门和负有安全生产监督管理职责的有关部门报告；三是应当明确包括事故发生单位概况，事故发生的时间、地点以及事故现场情况，事故的简要经过，事故已经造成或者可能造成的伤亡人数（包括下落不明的人数）和初步估计的直接经济损失，已经采取的措施等情况的报告内容；四是应当符合提出事故报告及时、准确、完整，不得迟报、漏报、谎报或者瞒报的要求。

注意事项：

要明确值班责任和值班任务。

值班人员要掌握信息报告要求。

信息报告尤其是报告的途径和层级尽量全面（及时研判事态发展可能，授权及时越级报告）。

2. 危险化学品企业应急预案管理制度要点和注意事项

《生产安全事故应急预案管理办法》于2016年6月以国家安全生产监督管理总局令第88号发布，2019年7月根据应急管理部令第2号修正。《生产安全事故应急预案管理办法》的重大意义：一是强化应急工作以预防为导向，重在事前的准备工作；二是解决应急预案形式主义问题，将应急预案管理镶嵌进入日常工作中实行动态管理；三是强调预案编制以实际操作为导向，全面规范应急预案的编制。作为危险化学品企业，应当按照《生产安全事故应急预案管理办法》，结合企业实际情况制定应急预案管理制度。

（1）应急预案管理制度制定要点

一是制度的合规性。在应急预案管理制度制定依据上，要对《中华人民共和国突发事件应对法》、《中华人民共和国安全生产法》、《生产安全事故应急条例》（国务院令第 708 号）、《突发事件应急预案管理办法》（国办发〔2013〕101 号）、《生产安全事故应急预案管理办法》等法律、行政法规、规章逐条深入研究，并结合企业实际情况进行转化，使之既符合法规要求，又切合企业实际，有机融合为一体。

二是制度的完整性。应急预案管理制度中应包括对预案编制、评审、公布、备案、实施及维护等全过程各项工作的要求。

三是应急预案管理制度应当分级制定，每一级组织都要制定本级的应急预案管理制度，确保一级管好一级的事。

（2）应急预案管理制度的主要内容

任何一项操作，都应该有其相应的操作规程。比如启动一台机泵，要按泵的操作规程进行；开展一项作业，要按照作业规程进行。而危险化学品事故的应急救援也是一项作业，这项作业同样要有它的作业规程，这个作业规程就是应急预案体系中的"处置方案"。但因为应急救援这项作业内容的复杂性，涉及的管理层级和人员较多，因此一直以来，应急预案的实用性普遍不足。

危险化学品应急救援是一项复杂紧急、面临危险突变因素多的作业，要想科学、迅速、准确地组织完成一次应急救援，制定科学实用的应急预案和全面深入的培训是至关重要的。

应急预案管理制度中应明确总体预案、专项预案和岗位应急处置方案的界面要求。即用各级总体预案明确各级人员的应急职责以及应急工作原则、程序和步骤；用各类专项预案明确各类危险化学品事故的应急救援技术、组织指挥程序、应急力量的调配、救援战术方法等事宜；用岗位应急处置方案（卡）明确各岗位可能发生的事故以及初期处置的措施、方法及报告等事宜。通过总体预案、专项预案、岗位应急处置方案（卡）三个层次的有机结合，实现整个应急救援过程的程序、人员分工、技术措施全覆盖和各个环节有效衔接，应急预案应确保针对性和实用性。

应急预案管理制度应当明确按照"谁使用谁制定的原则"编制预案，并达到在编制过程中熟悉预案，在演练使用中完善预案的目的。即总体预案应由企业综合管理部门组织制定，未设综合管理部门的应当由单位领导组织制定；专项预案应该由本级相应部门会同应急机构和各相关专业人员，特别是本企业或者行业应急救援专家制定；岗位应急处置方案（卡）应该在危害因素辨识的基础上，由应急执行岗位员工参与，基层专业技术人员组织讨论，自下而上制定。岗位应急处置方案（卡）在有条件的情况下，应当与岗位操作规程（卡）合并，以便于岗位员工培训和遵照执行。通过明确预案编制的分工，避免制定预案的人员不使用预案，使用预案的人不会编制预案，不知道应急预案内容的现象。

应急预案管理制度中应明确应急预案的管理和考核必须与企业日常工作同步的要求。目前，在很多危险化学品企业中，应急预案通常由一人或者一个小组编制，编制后经过简单的研讨逐级报审，按照相应的规定进行备案。备案后的应急预案基本上在企业各级存档，除了一年几次的定期培训和演练之外，再就无人问津。因此应急救援的过程中，预案的执行率很低。不执行预案的应急救援，相当于不按操作规程进行的盲目作业，无法保证应急救援的科学准确。问题产生的根源有两个方面原因：一是应急预案是在发生事故时使用的，不像其他操作规程一样在日常工作中使用，而事故很少发生，因此很难受到各级人员的重视；二是缺少执行情况的考核，在日常工作中，企业的各级组织都在开展检查，对不执行操作规程的行为进行考核，但到目前为止，还很少有企业在发生事故后，对应急救援预案的执行情况进行考核。因此在应急救援管理制度中明确规定将应急预案纳入企业日常工作管理，通过演练、模拟操作等方式进行考核，并通过演练不断改进完善，实行动态维护势在必行。

注意事项：

编制应急预案要充分考虑企业自身风险，尤其要考虑风险发生的形式。

对应的重大风险和风险等级较高的具体作业一定要制定预案（考虑预案的充分性）。

预案（处置方案、处置卡）一定要针对具体事项。如油气泄漏处置预案必须针对重点部位可能出现的管线泄漏、储罐泄漏、反应器泄漏、机泵泄漏分别制定预案（方案）。

预案一定要评审。评审的方式很重要，评审人员的专业、能力和责任范围必须胜任，评审前必须明确合格的标准。

预案必须定期审查和确定变更审查的条件。

预案的分发人员必须确保相关人员能及时获取预案。

3. 危险化学品企业应急培训、演练制度要点和注意事项

如果说应急救援是一项综合作业，那么作业规程的培训就十分重要。在日常所有作业活动中，如司泵岗位启停泵、压缩机岗位启停压缩机，都必须先进行培训，只有掌握作业的流程和每个步骤的要求以及安全注意事项后才能操作，不可能手里拿着操作规程，一边学一边做。而应急救援这项作业更复杂，更紧急，也更危险，更不可能手里拿着预案或者从电脑中打印出预案，按照预案操作。应急救援的性质决定所有的人员必须熟知自己的职责，救援过程中迅速就位；领导必须掌握自己和自己管理的人员分工，熟悉救援的原则、程序步骤，以便在应急救援过程中科学决断；专业技术人员必须掌握应急救援技术

和方法，以便科学有效实施应急救援；救援人员必须掌握现场处置措施和应急装备操作方法，以便快速准确采取措施；岗位人员必须掌握各类突发事故的初期处置措施，避免使小问题酿成大灾难；所有人员必须掌握各种情况下的风险防范和个人防护，以免在应急救援中发生次生人身灾害事故。而且更重要的是，对这些情况的掌握，应该像驾车遇到紧急情况时下意识踩刹车一样，这样在紧急、危险的状况下才能正确实施应急救援。

应急救援培训要落到实处，是一项非常紧迫、艰巨，而且需要长时间积累的工作。要求危险化学品企业必须对应急救援的培训和演练进行科学策划有序实施。

注意事项：

应当在制度中明确将应急理念和应急意识的培训作为应急培训的重要内容，务必使全体人员了解应急救援的复杂性、紧迫性和危险性，提高对应急救援培训和演练重要性的认识。

应当在制度上明确应急培训和演练的覆盖面，务必使各级领导、各级管理人员、各类技术人员、各类专业救援人员、岗位员工全部接受培训，不留死角。

应当在制度中明确规定符合实际情况的培训内容，针对各级组织、各类人员的管理职能、应急职责和分工分类开展个性化应急救援培训。应急知识一定要结合岗位职责范围确定，不属于岗位职责范围的内容属于无效培训。对各级领导要开展应急工作职责、原则、程序步骤培训，注重掌握关键程序和应急处置原则；生产单位专业人员应开展应急救援技术、方法、指挥培训；专业救援人员应开展技术、战术培训和应急装备使用培训；岗位人员开展应急工艺处置措施、报警联络、个人防护、初期事故消防控制方法和逃生培训，要注重基本技能。同时还要针对应急救援全过程的每个环节开展风险识别，并对全体人员开展应急救援过程中风险防控培训。

应当在制度中明确应急培训常态化的要求，明确将应急培训融入各级组织、各个岗位日常工作和培训中。明确应急培训考核的措施和要求，将应急培训纳入经济责任制考核之中。

应急培训的方式不要仅限于课堂讲授方式和书面方式，一定要注重实操培训，实操培训的效果远胜听课。在制度中应当明确应急演练的分类、频次和时间，将应急救援的模拟操作、装备模拟操作、应急救援过程中的风险识别和救援措施问答、应急物资掌握情况的问答、逃生措施的问答列为应急演练范畴，使应急演练常态化，更接近实际。

通过与风险结合的分级培训，必然会发现预案中存在的问题，因此在制度中应明确每次培训和演练后，对相应的预案进行研讨改进，实现应急预案的动态维护。

危险化学品企业要做好兼职应急救援队伍的培训，积极组织社会志愿者的培训，提高公众自救、互救能力。如果应急预案涉及社区居民，要做好宣传教育和告知等工作。

4. 危险化学品企业应急资金投入和物资保障制度要点和注意事项

危险化学品企业要重视并加强事前投入，保障并落实监测预警、教育培训、物资装备、预案管理、应急演练等环节所需的资金预算。为做好应急投入和保障工作，应当制定应急资金投入和物资保障制度，保障应急资金列支渠道畅通，确保应急通信、救援装备、应急物资、应急队伍、交通运输、医疗卫生和技术储备等应急资源和应急救援响应资金及时到位，足额保障。

应急资金保障是做好应急准备工作的重要前提条件。企业年度预算中应包含应急教育、培训、演练，应急装备与设施检测、维护、更新，应急物资、器材采购等有关应急资金预算；企业应急资金使用计划应包括应急准备项目资金详细计划，并做好应急资金使用的进度安排。要依法对外部救援队伍参与救援所耗费用予以偿还，同时要加强应急资金专项费用的监督管理。

物资保障制度要点分为通信与信息保障、物资装备保障、应急队伍保障、交通运输保障、医疗卫生保障、技术储备与保障。

通信与信息保障：明确可为本单位提供应急保障的相关单位或人员的通信联系方式和方法，并提供备用方案。建立信息通信系统及维护方案，确保应急期间信息通畅。规范信息获取、分析、发布、报送格式和程序，保证应急机构之间的信息资源共享，为应急决策提供相关信息支持。企业应建立健全多种手段相结合的基础应急通信系统，并大力发展视频远程传输技术，保障文字、声音和图像等信息传输，确保应急通信联络畅通；坚持信息畅通、协同应对的原则，保证与救援各方实时传输语音、视频、文字、数据等信息，与外部救援力量顺畅协同应对。

物资装备保障：明确生产经营单位的应急物资和装备的类型、数量、性能、存放位置、运输及使用条件、管理责任人及其联系方式等内容。企业可建立健全以区域应急系统为主体、以社会救援物资为辅助的应急物资储备和保障体系，建立应急物资动态管理制度。应建立在应急状态下应急物资调配使用机制。

应急队伍保障：明确应急响应的人力资源，包括应急专家、专业应急队伍、兼职应急队伍和相邻社区应急组织等。

交通运输保障：危险化学品企业应建立应急救援期间交通运输工具临时调用工作程序，并与相关企业建立有约束的救助协议，确保应急状态下救援物资和人员及时、安全到达。

医疗卫生保障：企业必须建立完善专业应急医疗救护绿色通道，并协助配备必要的专用医疗救治药物、设备，培训相应的人员，确保医疗救治的及时有效。

技术储备与保障：危险化学品企业要结合实际建立招之即来，来之能战，符合应急救援要求的专家和机构技术支撑体系。在应急预案编制评审、应急培训演练和评估，重大应急处置技术开发等重大问题上，多听取专家的意见建议，使企业各级应急预案和处置措施更加科学。

注意事项：

应急资金保障必须考虑常规情况和突发情况。

应急资金的额度以应急准备是否满足法规要求，是否达到预案措施为准。

物资保障要包含自有保障物资和关联或联保物资，甚至包括应急物资供应商的保障能力。

物资保障要考虑日常维护、到期更换、应急装备更新的保障要求。

要结合企业发展、对风险新的认知、企业和社会可承受度的降低、国家应急要求和应急科技的进步，定期评审应急保障的能力。

5. 危险化学品企业应急救援物资管理制度要点和注意事项

《危险化学品单位应急救援物资配备要求》（GB 30077—2013）对各类危险化学品企业的专业救援机构和作业场所应急救援物资的配置提出了最低要求，企业根据要求，在科学研判的基础上做好应急救援物资的配置。

除专用的应急救援车辆和各类侦检、个体防护、警戒、通信、输转、堵漏、洗消、破拆、排烟照明、灭火、救生等物资及其他器材等应急救援物资外，还应配备与企业日常生产经营共用的通信、交通运输、施工机具（如挖掘机、铲车、登高作业车等）、医疗急救（如卫生服务站）、工艺技术处置（如截断阀、放散设施、联锁等）、检测监测、封堵（盲板）等可以用于应急救援的物资。

企业的应急救援物资从归属上可以分为2类，一类是企业自身作业场所和应急救援队伍配置的救援物资和装备，另一类是企业周边地区接到报警后 5 min 内能到达现场的其他相关单位或应急救援机构配置的救援物资。自有物资用制度管理，企业外物资用协议管理。

为做好应急救援保障，企业必须建立制度和签订协议，分别明确专用、平战共用、自有、互助等各类不同属性的应急救援物资的管理。

企业间互助应急保障的物资必须签订互助保障协议，协议内容至少要明确调用机制、保障责任、定期试验测试演练要求、及时检查补缺等责任和义务。

应急救援物资的管理制度内容至少包括应急救援物资的选择采购、配置摆放、标志标识、日常检查、维护保养、调试检测、征调租赁、应急补充、使用培训、检查考核等。

应急救援物资采购程序应保证购置的应急物资符合实用性、功能性、安全性、耐用性以及单位实际的需要，应满足应急处置和救援的需要。

应急救援物资的管理和使用人员都应接受相应的培训，熟悉装备的用途、技术性能及有关使用说明资料，并遵守管理要求和操作规程。

危险化学品单位内部，除作业场所和应急救援队伍外的其他部门也应根据应急响应过程中所承担的职责配备有关的应急救援物资，至少包括应急照明手电等。

在应急物资日常管理上，专用物资的难点是日常维护保养测试，平战共用物资的难点是去向不受控，互助物资的难点是战时不一定能调集征用。

注意事项：

应急救援物资保存条件应满足物资说明书中储存的要求。

日常检查维护要关注应急物资的供货时间和有效期。

应急装备定期试运行和调试，必须要记录，发现的问题应该立即解决。

应急设备要按照设备管理要求定期保养和更换老化、易损件，补充燃料、冷却水等消耗性材料。

对不同种类属性的应急救援物资要分别明确管理人员和责任，并明确责任范围，具体的任务措施和征调关系。

协议管理的物资如果签订协议后要不定期检查维护协议内容，消除应急物资保障缺陷。

6. 其他

危险化学品企业生产安全事故应急准备中的法律法规识别转化、风险评估及防控、应急信息管理等要素，同样需要编制责任任务明确、工具方法和程序清晰、审查方式和合格标准明确、内容完整、可操作性强的制度来保障。

要素4：风险评估。风险评估是企业开展应急准备和救援能力建设的基础。危险化学品企业要运用底线思维，全面辨识各类安全风险，选用科学方法进行风险分析和评价，做到风险辨识全面、风险分析深入、风险评估科学、风险分级准确、预防和应对措施有效。运用情景构建技术，准确揭示本企业小概率、高后果的"巨灾事故"，开展有针对性的应急准备工作。

本要素包括风险辨识、风险分析、风险评价、情景构建四个项目。

【条文解读】>>>>>

（一）风险评估与情景构建解析

本《指南》中，风险评估是指依据《生产过程危险和有害因素分类与代码》《危险化学品重大危险源辨识》《职业危害因素分类目录》等辨识各种安全风险，运用定性和定量分析、历史数据、经验判断、案例比对、归纳推理、情景构建等方法，分析事故发生的可能性、事故形态及其后果，评价各种后果的危害程度和影响范围，提出事故预防和应急措施的过程。

情景构建，是指基于风险辨识，分析和评价小概率、高后果事故的风险评估技术。

（二）风险评估

风险评估是应急准备的基础和依据。通过风险评估找出企业的风险后，根据危险化学品的种类及数量确定风险评价的等级，确定企业可能发生的事故及其性质、危害后果等，编制企业的风险清单；企业应依据风险清单分级分类地做好相关的应急准备，并编制相应的应急预案。

1. 风险辨识

（1）作业单元划分

合理、正确划分作业单元既可以顺利开展危险有害因素辨识、风险评估工作，又可以保证危险有害因素辨识、风险评估的全面性和系统性，其是整个危险有害因素辨识、风险评估和控制活动的重要一环。

企业可以按照内部业务系统的各阶段、场所位置、生产工艺、设备设施、作业活动或上述几种方式的结合来划分作业单元。

作业单元划分时应遵循大小适中、便于分类、功能独立、易于管理、范围清晰的原则，并应涵盖生产经营全过程的常规活动和非常规活动。

划分作业单元的常用方法有：按生产（工艺）流程的阶段来划分；按地理位置来划分；按生产设备设施类别来划分；按作业任务来划分。

（2）危险有害因素辨识

企业应当采用适用的辨识方法，对作业单元内存在的危险有害因素进行辨识。通过对物的状态、环境及管理的因素和人的行为进行辨识，并参照《企业职工伤亡事故分类》（GB/T 6441—1986）和《生产过程危险和有害因素分类与代码》（GB/T 13861—2009），综合考虑起因物、引起事故的诱导性原因、致害物、伤害方式等，确定事故类别。

生产现场的危险有害因素辨识应覆盖企业地上和地下以及承包商占用的场所和区域的所有作业环境、设备设施、生产工艺、危险物质、作业人员及作业活动；应考虑过去、现在、将来3种时态和正常、异常、紧急3种状态。常见危险有害因素重点辨识对象与推荐方法见表2-4-1。

表2-4-1　常见危险有害因素重点辨识对象与推荐方法

危险有害因素	重点辨识对象	推荐方法
人的行为	辨识中应考虑作业过程所有的常规活动和非常规活动。非常规活动是指异常状态、紧急状态的活动	作业危害分析法（JHA）
物的状态	辨识中应考虑正常、异常、紧急3种状态。常见的异常状态有监测参数偏离正常值、试生产调试阶段异常开停车、设备带病作业、临时性变更工艺、事故排放等。常见的紧急状态有监测参数严重超过限值、危险物质大量泄漏、紧急停车、设备事故、压力管道和容器破裂、停水停电（需要连续供电供水）等	安全检查表法（SCL）；危险与可操作性分析法（HAZOP）
环境因素	辨识中应考虑内部环境和外部环境	安全检查表法（SCL）
管理因素	辨识中应考虑法律法规的符合性、自身管理需要及更新情况	安全检查表法（SCL）

2. 风险评价

针对辨识出的每一项危险有害因素，企业应当选用合适的方法开展安全风险评价，并确定风险的大小和等级。

常用的评估方法包括危险性预分析法（PHA）、事故树分析法（FTA）、事件树分析法（ETA）、故障类型及影响分析法（FMEA）、风险矩阵法（L·S）、作业条件危险性分析法（LEC）、道化学（DOW）、蒙德法（ICI）、危险度评价法、单元危险性快速排序法、火灾爆炸数学模型计算法等定量评估方法。企业应当经过研究论证，确定适用的风险评估方法。必要时，宜根据评估方法的特点，选用几种评估方法对同一评估对象进行评估，互相补充、分析综合、相互验证，以提高评估结果的准确性。

企业应当根据安全风险评估结果，结合自身可接受风险等实际，确定每一项危险有害因素相应的安全风险等级。安全风险等级一般从高到低划分为 4 级：

A 级：重大风险/红色风险，评估属不可容许的危险。

B 级：较大风险/橙色风险，评估属高度危险。

C 级：一般风险/黄色风险，评估属中度危险。

D 级：低风险/蓝色风险，评估属轻度危险和可容许的危险。

安全风险评估包括固有风险评估和控制风险评估。

（1）固有风险评估

固有风险指根据危险有害因素可能发生的每种事故类型的可能性和后果严重程度，在不考虑已采取的控制措施的前提下，确定风险的大小和等级。

（2）控制风险评估

企业应当按照识别的危险有害因素，从工程控制措施、安全管理措施、个体防护措施、应急处置措施等 4 个方面排查出现有的风险控制措施。

在考虑已采取的控制措施的前提下，根据危险有害因素可能发生的每种事故类型的可能性和后果严重程度，确定控制风险的大小和等级。控制风险评估推荐采用常用的风险矩阵法（L·S）。

企业要高度关注运营情况和危险有害因素变化后的风险状况，动态评估、调整控制风险等级和管控措施，确保安全风险始终处于受控范围内：

当控制风险评估结果为 A 级时，应当立即暂停作业，明确不可容许的危险有害内容及可能触发事故的危险有害因素，采取针对性安全措施，并制定应急措施。

当控制风险评估结果为 B 级时，应当明确高度危险的危险有害内容及可能触发事故的危险有害因素，采取针对性安全措施，并制定应急措施。

当控制风险评估结果为 C 级时，应当对现有控制措施的充分性进行评估，检查并确认控制程序和措施已经落实，需要时可增加控制措施。

当控制风险评估结果为 D 级时，可以维持现有管控措施，但应当对执行情况进行审核。

安全措施应当依次按照工程控制措施、安全管理措施、个体防护措施以及应急处置措施等 4 个逻辑顺序，对每一个危险因素制定精准的风险控制措施。企业在选择安全措施时应考虑其可行性、安全性、可靠性，并重点突出人的行为。

在安全措施实施前，应当确认是否足以把风险控制在可容许的范围，确认采取的安全措施是否产生新的风险；如产生新的风险，应当对新的风险开展评估。

企业可以结合自身可接受控制风险的实际，按照从严从高原则，制定事故发生的可能性、严重性和风险程度取值标准，定期评估控制风险，持续完善和落实安全措施，提升风险控制能力。

3. 安全风险动态管理

企业要重点关注变更和检维修环节，人员、机器、环境、管理等方面动态风险的辨识、评估、分级和管控工作。企业要按照《应急管理部关于全面实施危险化学品企业安全风险研判与承诺公告制度的通知》（应急〔2018〕74号）要求，开展每日动态安全风险研判与承诺公告工作。

当正在进行中的作业涉及固有A级危险有害因素时，如未明确相应管控措施的，应当立即暂停作业。当正在进行中的作业涉及固有B级危险有害因素时，如未明确相应管控措施的，应当立即采取应急措施。

企业应将特殊作业风险辨识、评估和分级管控工作作为安全作业证审批的一项重要内容，并督促监护人员在作业中实施全过程风险管控。

4. 风险评估在应急管理中的应用

当前大多数生产企业的应急管理工作存在着缺乏专项管控手段或经验主导等问题，具体表现在：很多企业对事故发生、发展的具体情况分析不足，从而导致采取的预警行动和应急处置措施缺乏针对性。应急处置措施多为照搬照抄或经验之谈，仅表现出简单的、原则性的要求，没有落实具体操作的人员、顺序、方法、装备等，缺乏可操作性。

解决上述问题就要利用各种辨识方法进行系统全面的危险源辨识，将危险源辨识结果整理成不同的表格，形成危险源辨识结果清单。然后从辨识结果的风险中提取出紧急情况的相关内容。提取的紧急情况相关内容应包括可能发生的活动、过程、地点以及紧急情况发生的原因。针对不同的时间、地点、活动下的紧急情况制定针对性的预警信息和预警行动，以及相应的现场处置措施，帮助完善企业的各类专项应急预案和现场处置方案。

应急预案是应急行动的指导性文件，其直接目的是为了保证应急行动的快捷、有序和有效。为保证应急预案的针对性、实用性和可操作性，应急预案必须明确企业存在哪些重大事故风险，要采取哪些应急行动，各部门行动是如何分工、如何完成所承担的应急任务，需要用到哪些应急资源，整个应急行动该如何决策、指挥和协调。企业的重大风险情况直接决定预案编制的必要性，是预案中所有其他内容的编制基础。风险评估中重点要做到的是：主要危险化学品的种类、数量、分布、危险特征及危险工艺过程；可能发生的重大事故类型及其后果分析，包括可能影响的范围及程度、影响区域内的环境敏感点人员情况；可能诱发重大事故或影响应急救援工作的不利条件，如可能的恶劣自然气象条件、相邻企业重大事故对本企业可能造成的影响；发生的重大事故可能引发的次生事故影响。一旦明确了企业的重大事故风险情况，实际上就解决了企业为什么要编制应急预案、针对什么样的紧急情况来编制应急预案的问题。

（三）底线思维的内涵、养成与应用

底线思维是应急管理工作的核心。习近平总书记多次强调，要善于运用底线思维的方法，凡事从坏处准备，努力争取最好的结果，这样才能有备无患、遇事不慌，牢牢把握主动权。要坚持底线思维、注重防风险，做好风险评估，努力排除风险因素，加强先行先试、科学求证，加快建立健全综合监管体系，提高监管能力，筑牢安全网。要坚持底线思维，保持如临深渊、如履薄冰的态度，尽可能把各种可能的情况想全想透，把各项措施制定得周详完善，确保安全、顺畅、可靠、稳固。

1. 底线思维的内涵

所谓底线思维，就是客观地设定最低目标，立足最低点，争取最大期望值的一种积极的思维方式，是一项至关重要的方法论。底线思维有较为鲜明的特征：底线思维是一种典型的后顾性思维取向，注重危机、风险、底线的界定与防范，对于困难和挑战估计得大一些、多一些，特别是要对不利因素作更加充分的估计和更加充足的准备，确保"托底""保底""守底"；底线思维的积极意义主要在于它令人勇于面对事实并接受出现的最差情况，让人充分觉悟到，一旦你处于底线的位置上，你唯有坚定信心、克服恐惧心理、摆脱内心的焦虑才能战而胜之；底线思维的实施要点在于立足全局、突出重点，要善于取舍，看到事物的远景并有相应的对策，对下一步的行动心中有数，对各种替换方案和解决办法保持更加开放的思维而得以高瞻远瞩。从唯物主义辩证法的角度看，底线思维最大的对立统一就是"底"与"顶"的有机结合，没有"守底"就难达其"顶"，而没有攀高也就无所谓"守底"，此谓"守乎其低而得乎其高"。底线思维是包括辩证法、实践论在内的系统、科学思维。

2. 底线思维在应急管理中的应用

底线思维的要旨和方法与应急管理的核心、原理高度契合，融会贯通。应急管理体系中所谓的"一案三制"只是工具、方法和程序，为这些有用的工具和方法找到一个统帅，就是底线思维，它能强化应急管理。

因为底线思维是一种后顾性思维取向，拥有这种技巧的思想者会认真计算风险，估算可能出现的最坏情况，并且接受这种情况；提出基于底线的应急管理措施，确保安全的可控和在控。领导干部、管理者乃至普通员工都要结合自身工作，想想工作风险的底线在哪里、突破这些底线的后果会怎样、防范这些底线的主体是谁、守住这些底线的措施是什么，要时刻提醒自己重视安全生产工作，注重安全和应急的组织措施和技术措施落实。牢固树立底线意识，就能进一步强化忧患意识和责任意识；就能从守住底线开始，量力而行、稳中求进、步步为营谋求发展。

坚持底线思维，做好以下应急准备工作：

一要牢固树立底线意识。要善于排查各种潜在风险，找出安全与风险、常态与危机的分水岭，守住各种风险的底线。

二要系统排查全面防守。底线管理的排查和防范，关键在于全面系统。全面的排查大致涉及四个方面：一是安全的底线，即是否会发生人员伤亡等；二是环境的底线，即是否会导致生态环境的破坏；三是社会舆情底线，即是否会引发大规模的舆情；四是利益和财产的底线，即是否会导致停产等损失。

三要把握关键抓落实。防守责任到具体部门和责任人，落实到具体措施上，同时，加强对下级底线管理的检查，把防范风险、排查问题、守住底线作为常规工作和重要绩效来考核。

3. 底线思维的养成

底线思维的形成需要一个固化的过程，要反复抓、抓反复，形成思维定式。可与安全文化进班子、进基层、进班组、进岗位、进社区等"五进"模式有机结合，通过会议、学习培训、主题活动等方式开展反复训练，促进底线思维的形成。应急管理职能部门和专家团队通过定期检查走访和安全行为观察与沟通的方式，及时发现员工存在的缺陷和不足，并一起分析原因、制定改进提高措施，加深员工对底线思维的认识，提高底线思维在安全管理中的应用。

要强化底线思维培养和训练，其对象是全体员工，重点是各级管理人员，关键是各级领导干部，要让全员都掌握底线思维的方式方法，从而自觉运用。案例传承法，分类收集成功与失败的事故案例，尤其是重特大事故案例教训，让这些案例成为集体的记忆、团队的教材。现场震撼法，到现场，抓证据，给震撼，亲眼所见，现场说理，永远大于空洞说教。近年来，各地应急管理部门在发生事故的现场召开警示会就是很好的做法。岗位轮换法，让受训者在预定的时期内变换工作岗位，使其获得不同岗位的工作经验。工作轮换能增进培训对象对各部门管理工作的了解，扩展员工的知识面，为受训对象以后完成跨部门、合作性的任务打下基础，同时能较好地树立受训对象的全局观，提升其底线思维运用的质量。

（四）情景构建

情景构建是应急管理的重要抓手，在风险研判基础上，确定行业情景清单并且对每项典型风险开展情景构建，对典型风险进行实例化表征；在情景构建结束后，一系列情景可以引导行业有的放矢开展应急准备行动，指导应急能力的提高；伴随着风险环境的变化、应急能力的提高，在风险研判基础上，可以将情景清单进行动态调整，或者对某项（不符合当下风险的）情景进行修订。如此，可以形成一个以"情景构建"为载体的应急准备循环（图2-4-1）。

图2-4-1　以情景构建为载体的应急准备循环示意图

1. 情景构建概念浅析

美国在2001年遭受"9·11"恐怖袭击事件之后，为加强全国应急准备，由美国国土安全委员会和国土安全部于2003年联合成立了跨机构的情景工作小组，目标是建立一个典型情景组，用来评估和指导预防、保护、响应和恢复等领域的应急准备工作。该小组最终提出了自然灾害（地震、飓风）、化学事故、生化学攻击等15种应急规划情景。上述15种情景都用了同样的框架进行描述，成为美国联邦及地方政府开展应急准备的一项重要工具，为完善政府的预案、提升应急能力、开展培训和演练等活动提供了重要的情景基础。

情景构建是基于特定方法而开展的情景筛选、情景开发、情景应用、情景评审与改进等一系列动作。该"情景"不是某典型案例的片段或整体的再现，而是无数同类事件和预期风险的系统整合，是基于真实背景对某一类突发事件的普遍规律进行全过程、全方位、全景式的系统描述。"情景"的意义不是尝试去预测某类突发事件发生的时间与地点，而是一种尝试以"点"带面、抓"大"带小，引导开展应急准备工作的工具。理想化的"情景"应该具备最广泛的风险和任务，表征一个地区（或行业）的主要战略威胁。

情景构建是结合大量历史案例研究、工程技术模拟对某类重大事故进行全景式描述（包括诱发条件、破坏强度、波及范围、复杂程度及严重后果等），并依此开展应急任务梳理和应急能力评估，从而完善应急预案、指导应急演练，最终实现应急准备能力的提升。因此，情景构建是"底线思维"在应急管理领域的实现与应用，"从最坏处准备，争取最好的结果"。

2. 情景筛选

情景筛选是从大量历史案例和现实风险评估中筛选出具有代表性的巨灾，以作为当前和未来一个时期内应急管理的重点对象。巨灾情景的筛选与确认的核心是基于底线思维，针对后果极其严重的"高后果、小概率"事件。所筛选的情景应具有一定的代表性、典型性和后果严重性。

3. 情景开发

在筛选并设定情景清单后，需要开发各项情景的具体要素。情景要素包括情景概要、背景信息、演化过程、事故后果、应急任务五类要素。

4. 情景应用

情景构建可以指导组织开展基于任务分解和资源评估的预案编制，指导相关预案实现有效衔接；可为组织开展应急演练规划、实施应急演练提供背景支撑和科目指导；重特大生产安全事故情景构建可为相关方的应急能力建设规划提供技术支撑。

要素 5：预案管理。针对性和操作性强的应急预案是企业开展应急准备和救援能力建设的"规划蓝图"、从业人员应急救援培训的"专门教材"、救援行动的"作战指导方案"。危险化学品企业要组成应急预案编制组，开展风险评估、应急资源普查、救援能力评估，编制应急预案。要加强预案管理，严格预案评审、签署、公布与备案；及时评估和修订预案，增强预案的针对性、实用性和可操作性。

本要素包括预案编制、预案管理、能力提升三个项目。

【条文解读】>>>>>

（一）应急预案的重要作用

《突发事件应急预案管理办法》对应急预案进行了定义：是指各级人民政府及其部门、基层组织、企事业单位、社会团体等为依法、迅速、科学、有序应对突发事件，最大程度减少突发事件及其造成的损害而预先制定的工作方案。从定义可以看出应急预案的两个显著特征，即预案是一种工作方案、是预先制定的。

方案是开展工作的具体计划，从目的、要求、方式、方法、进度等方面进行具体、周密的部署，具有针对性、可操作性。所以，应急预案是就事故发生后的应急救援机构和人员，应急救援的装备、物资、设施，应急行动的响应程序，控制事故发展的方法和措施等，预先作出的科学有效的计划和安排，为事故应对构建权责体系，提供基本的处置规范，明确资源协调和后勤保障方式。

预先制定意味着要以确定性去应对事故的不确定性。事实上，应急预案不是万能的，不可能解决事故应对中的所有问题，无法消除事故本身的不确定性。因此，应急预案就是要通过建立标准化、专业化的反应程序，在应对过程当中尽可能地适应事故的不确定性，有序控制事故，最大程度减少事故及其造成的损害。

因此，应急预案的重要作用是为事故应对工作形成一个应急体系、建立一套应对机制、培养一种响应意识、确定一类处置方法。应急预案平时牵引应急准备，战时指导应急救援，是应急管理的主线、应急体制机制的载体、应急法制的延伸、应急培训的教材、应急演练的脚本、应急行动的指南。应急预案是在对事故风险特点和影响范围评估的基础上，选择出最优反应程序，达到及时、有效帮助应急行动者采取行动路线，并对现有资源进行优化部署和配置的目的，从而最大程度地预防和应对突发事件、保证人身和财产安全。

（二）应急预案体系构成

企业生产安全事故应急预案可以分为综合应急预案、专项应急预案和现场处置方案。

综合应急预案是指生产经营单位为应对各种生产安全事故而制定的综合性工作方案，是本单位应对生产安全事故的总体工作程序、措施和应急预案体系的总纲。

专项应急预案是指生产经营单位为应对某一种或者多种类型生产安全事故，或者针对重要生产设施、重大危险源、重大活动防止生产安全事故而制定的专项性工作方案。

现场处置方案是指生产经营单位根据不同生产安全事故类型，针对具体场所、装置或者设施所制定的应急处置措施。

危险化学品企业要根据企业自身实际情况、生产工艺和产品特点、风险评估结论等，确定企业的应急预案体系，而不是所有危险化学品企业都要编制综合应急预案、专项应急预案和现场处置方案。专项应急预案与综合应急预案中的应急组织机构、应急响应程序相近时，可不编写专项应急预案，相应的应急处置措施并入综合应急预案。事故风险单一、危险性小的危险化学品企业，如加油站、化工试剂经营网点，可以只编制现场处置方案。

为提高岗位应急处置能力，有效救早救小，近年来一些企业大力推行应急处置卡，指引从业人员在第一时间采取措施阻止事故的发生和扩大。应急处置卡是企业应急预案体系的有益补充。生产经营单位应当在编制应急预案的基础上，针对工作场所、岗位的特点，编制简明、实用、有效的应急处置卡。应急处置卡应当规定岗位、人员的应急处置程序和措施，以及相关联络人员及其联系方式，便于从业人员携带。

（三）应急预案的编制要点

科学制定应急预案是积极有效应对生产安全事故的重要基础工作。首先，要真正把做好风险辨识和风险评估作为制定应急预案的前提条件。准确把握本企业可能面临的生产安全事故种类、特点及其发生后可能造成的危害程度，分级分类进行梳理，为制定应急预案提供导向性依据。其次，要构建种类齐全、相互衔接的应急预案体系。政府与企业之间，以及企业内部各层级之间制定的各类应急预案都要相互衔接，横向到边、纵向到底、政企一体，实现全覆盖。再次，要充分保障社会和从业人员应对安全生产风险和事故灾难的知情权、参与权，动员全员参与，充分听取他们的意见和建议。

1. 编制原则

应急预案的编制应当遵循以人为本、依法依规、符合实际、注重实效的原则，以应急处置为核心，明确应急职责、规范应急程序、细化保障措施。

以人为本就是围绕快速有效处置事故，减少事故造成的人员伤亡的目的编制应急预案。依法依规就是要求编制的应急预案必须符合国家和所属地区有关法律法规和应急预案体系的要求，必须符合企业相关制度要求。符合实际就是要求应急预案必须符合企业的安全生产风险特点、必须符合企业现行的组织管理体系和运行机制、必须立足于现有应急物资和装备等资源条件，必须立足于当前企业的应急能力水平。注重实效就是要求以应急处置为核心，实现应急预案的简明化、专业化，真正做到简明易记、好用管用。

当前存在的突出问题：部分企业应急预案照搬照抄，对应急预案的功能定位不清，脱离实际，针对性和实用性不强。例如，以行业常见事故代替事故风险分析，以日常管理机构代替应急响应机构，以物资保障工作要求代替物资保障机制，以法定事故分级标准代替实际应急响应标准，以工艺操作规程代替应急处置措施等。

2. 编制组织

《中华人民共和国安全生产法》第十八条明确规定，生产经营单位主要负责人负责组织制定并实施本单位的生产安全事故应急救援预案。《生产安全事故应急预案管理办法》对此进一步强调：生产经营单位主要负责人对应急预案的真实性和实用性负责；各分管负责人应当按照职责分工落实应急预案规定的职责。

成立预案编制工作小组是预案编制质量的重要保障，预案编制工作小组应该由企业有关负责人任组长，吸收应急预案有关的职能部门和单位人员，以及有现场处置经验的人员参加。

预案编制工作应以本企业生产和安全相关管理人员为主组织开展，不应全权委托中介机构编制。从实践来看，中介机构代劳编制的应急预案普遍存在照搬照抄，实用性、针对性、操作性较差的问题，无法发挥应急预案应有的作用。

编制应急预案应调动企业各层级预案所涉及主要生产经营部门的积极性，不应由企业的安全管理部门大包大揽，编制企业全部的综合应急预案、专项应急预案和现场处置方案。以班组人员为主编制班组的现场处置方案，以车间、分厂人员为主编制车间、分厂的预案。公司层面，安全部门会同生产部门、调度部门共同编制公司的综合应急预案和专项应急预案。

3. 风险评估和应急资源调查

风险评估和应急资源调查是应急预案编制的基础。《生产安全事故应急条例》（国务院令第 708 号）和《生产安全事故应急预案管理办法》均要求在应急预案编制前开展风险评估和应急资源调查，既能为编制应急预案提供依据，又能确保应急响应时资源调度有效有序。事实上，越到基层企业，这两项工作越重要。一些基层企业应急预案可操作性不强，主要原因就在于没有对企业风险进行评估，也不掌握第一时间可调用的应急队伍、装备、物资等应急资源状况，以致预案内容过于原则、无法操作。

2013 年 11 月 22 日 10 时 25 分，中石化管道储运分公司东黄输油管道青岛段泄漏原油进入黄岛区市政排水暗渠，在形成密闭空间的暗渠内油气积聚遇火花发生爆炸，造成 62 人死亡、136 人受伤，直接经济损失 75172 万元。事故调查发现，青岛市、黄岛区政府没有油气管道事故专项应急预案；中石化管道分公司、潍坊输油处、青岛站对泄漏原油数量未按应急预案要求进行研判，对事故风险评估出现严重错误，没有及时下达启动应急响应的指令；企业现有应急预案对危险源辨识不到位、没有分析管道穿越市政排水暗渠造成的危险性。

4. 预案衔接

应急预案体系建设的目标之一就是要构建种类齐全、相互衔接的预案体系。政府、部门、企业之间以及企业各层级制定的各类应急预案都要相互衔接。预案衔接既包括企业内部各类应急预案之间的衔接，也包括企业和政府、部门应急预案之间的相互衔接。在编制环节，预案编制工作小组吸收应对生产安全事故的主要部门共同开展应急预案编制工作，既能保证应急预案符合企业的运行体制、机制、现状，又有利于预案在企业内部的衔接和执行到位。

危险化学品企业周边应急资源调查，应急预案征求意见、评审和向社会公布是促进政企衔接、企企衔接的重要手段。化工园区内一家企业发生事故容易导致连锁反应，所以化工园区企业的应急预案衔接更为重要。按照《突发事件应急预案管理办法》的规定，生产经营单位组织应急预案编制过程中，应当根据法律、法规、规章的规定或者实际需要，征求相关公民、法人或其他组织的意见。重点针对那些事故风险或者事故处置所需资源涉及相关单位的企业，通过征求意见促进与相关单位应急预案相互衔接，更好地提高应急预案的质量。目前，应急预案征求意见环节是应急预案编制的薄弱环节，多数企业应急预案在编制过程中未征求相关单位意见，致使编制的应急预案与周边情况结合不紧密，预案体系衔接出现问题。

5. 预案应具备的特性

对应急预案质量的基本要求是具备科学性、针对性和可操作性，这直接决定着应急预案作用的发挥。在实际工作中，应急预案还存在要素不齐全、实用性不强、上下一般粗、修订不及时等问题。例如，综合应急预案应有的保障措施、必要的厂区装置布局图、应急装备器材清单等缺失，预案多是原则性的框架内容、不具体、结合企业自身实际不够导致实用性不强，企业的公司、车间、班组的应急预案结构、内容基本雷同导致上下一般粗，企业组织机构、工艺流程有大的调整或者多年未根据应急演练和实际工作暴露的问题进行修订等，类似问题广泛存在。

应急预案编制必须遵循相关规定要求。一是应急预案必须合法合规。要严格依照现有的相关法律、法规、规章和标准编制应急预案。二是应急预案必须切合实际。要根据实际面临的安全风险、事故种类特点、现有应急资源和本地区、本单位实际情况编制应急预案，确保实用、管用、针对性强、操作性强。三是综合应急预案、专项应急预案、现场处置方案的主体内容要完备。应根据《生产经营单位生产安全事故应急预案编制导则》（GB/T 29639—2013），结合企业实际，编制实用好用的应急预案。

（四）应急预案管理要点

1. 预案评审

危险化学品企业应当对本单位编制的应急预案进行评审，并形成书面评审纪要。应急预案的评审应当注重基本要素的完整性、组织体系的合理性、应急处置程序和措施的针对性、应急保障措施的可行性、应急预案的衔接性等。

2. 预案评审人员要求

参加应急预案评审的人员应当包括有关安全生产及应急管理方面的专家。评审人员与所评审应急预案的生产经营单位有利害关系的，应当回避。

按照国务院简政放权、减少事前审批、加强事中事后监管的要求，要推动落实企业主体责任，企业对应急预案的质量负责，应急预案评审人员的选择应由企业按照上述原则性要求自主选择。

3. 预案签署、公布与发放

危险化学品企业应该严肃对待应急预案的签署、公布和发放工作，依法依规、严格规范开展相关工作。危险化学品企业应急预案经评审后，由企业主要负责人签署，向社会公布，并及时发放到企业有关部门、岗位和相关应急救援队伍。事故风险可能影响周边其他单位、人员的，危险化学品企业应当将事故风险的性质、影响范围和应急防范措施告知周边的其他单位和人员。

危险化学品企业应急预案由企业主要负责人签署，而不应由分管安全生产的负责人签署，实际工作中存在应急预案签署不规范的现象。危险化学品企业应急预案由企业主要负责人签署之后再公布，实际工作中存在公布在先，签署日期在公布日期之后的现象。危险化学品企业应急预案应以多种方式公布发放，如网站公开、厂区内外明显位置张贴悬挂等，实际工作中存在应急预案签署后束之高阁，主要用来应付主管部门检查的现象。

2015 年 8 月 12 日，位于天津市滨海新区天津港的瑞海国际物流有限公司（以下简称瑞海公司）危险品仓库发生特别重大火灾爆炸事故，造成 165 人遇难，8 人失踪，798 人受伤住院治疗；304 幢建筑物、12428 辆商品汽车、7533 个集装箱受损。事故调查发现，瑞海公司未履行与周边企业的安全告知书和安全互保协议，事故发生后没有立即通知周边企业采取安全撤离等应对措施，使得周边企业的员工不能第一时间疏散，导致人员伤亡情况加重。

4. 预案备案

应急预案备案是加强应急管理的重要内容。《生产安全事故应急预案管理办法》规定：危险化学品生产、经营、储存单位，应当在应急预案公布之日起 20 个工作日内，按照分级属地原则，向县级以上人民政府应急管理部门和其他负有安全生产监督管理职责的部门进行备案，并依法向社会公布。使用危险化学品达到国家规定数量的化工企业的应急预案，按照隶属关系报所在地县级以上人民政府应急管理部门备案。

5. 预案修订

应急预案必须根据客观情况的发展变化及时修订。一是适应改革发展动态性变化进行修订。当前，应急管理法律法规、规章标准在不断完善调整之中，应急预案必须随其变化及时修订。二是适应生产经营活动动态性变化进行修订。随着产业经济政策和企业生产经营活动的变化，生产经营的主体、组织管理体系、生产技术工艺、事故风险常常处在不断变化的状态中，应急预案也必须随之进行修订完善。三是适应应急措施动态性变化进行修订。科学技术日新月异，移动互联网、大数据、云计算等新一代信息技术对社会各个领域产生的影响越来越大，应对生产安全事故的技术手段、应急资源不断增多，应急预案也应随之修订完善。四是适应应急实践活动动态性变化进行修订。应急预案必须与实际相符，对于在应急演练、应急救援实践中发现的不符合、不适用的问题，要认真总结分析，及时修改完善应急预案。

6. 预案评估

危险化学品企业应当建立应急预案定期评估制度，每 3 年进行一次评估。评估可以邀请相关专业机构或者有关专家参加应急预案评估，必要时委托安全生产技术服务机构进行，对预案内容的针对性和实用性进行分析，并对应急预案是否需要修订作出结论，始终保持应急预案的生命力和有效性。

《生产安全事故应急预案管理办法》明确规定了应急预案应当及时修订的情形：依据的法律、法规、规章、标准及上位预案中的有关规定发生重大变化的；应急指挥机构及其职责发生调整的；安全生产面临的风险发生重大变化的；重要应急资源发生重大变化的；在应急演练和事故应急救援中发现需要修订预案的重大问题的；编制单位认为应当修订的其他情况。

需要及时修订应急预案的 6 种情形中有 4 种提到"重大变化"，轻微的调整变化不必修订应急预案，可对应急预案附修改页。

（五）应急能力评估

应急能力评估是指对应急组织、应急预案、应急培训、应急演练、应急队伍、应急资源等进行评估，形成书面评估报告，以及时发现问题和不足，确保其具备相应的应急工作能力，是在全面分析被评估单位所提供相关资料的基础上，对其安全生产应急管理相关工作现状作出客观评价和评估的过程。

要素 6：监测与预警。 监测与预警是企业生产安全事故预防与应急的重要措施。监测是及时做好事故预警，有效预防、减少事故，减轻、消除事故危害的基础。预警是根据事故预测信息和风险评估结果，依据事故可能的危害程度、波及范围、紧急程度和发展态势，确定预警等级，制定预警措施，及时发布实施。

本要素包括监测、预警分级、预警措施三个项目。

【条文解读】 >>>>>

近年来，全国发生了多起重特大危险化学品生产安全事故，这些事故的发生均暴露出了危险化学品企业存在安全生产风险监测预警手段落后、重大危险源安全运行状态难以感知、监测预警信息化系统缺失或形同虚设等问题。正是这些问题，导致了安全生产风险防范化解不力、事故隐患发现迟缓、应急处置不及时、事故易发多发等严重后果。危险化学品安全生产风险防范化解和安全监管贯穿危险化学品生产经营活动的全过程，需要实时、动态、持续获取处理各环节的大量感知数据，然而，传统监管方式难以有效应对，因此，必须把建设危险化学品监测预警系统作为提升危险化学品安全生产风险防范化解能力和安全监管能力的有力抓手，有效实现危险化学品安全生产风险全过程、全链条的态势感知，强化重大危险源的风险分级管控和动态监测预警，有力提高科学预防、过程管控、综合治理、精准治理的水平。

（一）风险监测

风险监测是指结合企业生产工艺和事故风险，建立健全基于过程控制系统、安全仪表系统、灾害报警系统的监测预报系统，科学设置监测预报参数，并结合系统数据异常情况进行事故风险评估和预报；重大危险源和关键部位的监测监控信息要接入危险化学品安全生产风险监测预警系统，警示信息及时处置，并保证系统正常运行。风险监测依据的标准及规范内容见表 2-4-2。

表 2-4-2 风险监测依据标准及规范内容

序号	依据标准	内　容
1	《突发事件应急预案管理办法》	第九条　单位和基层组织应急预案由机关、企业、事业单位、社会团体和居委会、村委会等法人和基层组织制定，侧重明确应急响应责任人、风险隐患监测、信息报告、预警响应、应急处置、人员疏散撤离组织和路线、可调用或可请求援助的应急资源情况及如何实施等，体现自救互救、信息报告和先期处置特点
2	《危险化学品重大危险源监督管理暂行规定》（国家安全生产监督管理总局令第40号，根据国家安全监管总局令第79号修正）	第十三条　危险化学品单位应当根据构成重大危险源的危险化学品种类、数量、生产、使用工艺（方式）或者相关设备、设施等实际情况，按照下列要求建立健全安全监测监控体系，完善控制措施： （一）重大危险源配备温度、压力、液位、流量、组分等信息的不间断采集和监测系统以及可燃气体和有毒有害气体泄漏检测报警装置，并具备信息远传、连续记录、事故预警、信息存储等功能；一级或者二级重大危险源，具备紧急停车功能。记录的电子数据的保存时间不少于30天； （二）重大危险源的化工生产装置装备满足安全生产要求的自动化控制系统；一级或者二级重大危险源，装备紧急停车系统； （三）对重大危险源中的毒性气体、剧毒液体和易燃气体等重点设施，设置紧急切断装置；毒性气体的设施，设置泄漏物紧急处置装置。涉及毒性气体、液化气体、剧毒液体的一级或者二级重大危险源，配备独立的安全仪表系统（SIS）； （四）重大危险源中储存剧毒物质的场所或者设施，设置视频监控系统； （五）安全监测监控系统符合国家标准或者行业标准的规定

表 2-4-2（续）

序号	依据标准	内　容
3	《国家安全监管总局关于加强科学施救提高生产安全事故灾难应急救援水平的指导意见》（安监总应急〔2012〕147号）	（十三）加强重大危险源监测监控及预警预报工作。以"强化源头治理，实现动态管理"为目标，组织开展重大危险源普查登记、分级分类、检测检验和安全评估工作。生产经营单位要按照有关规定对重大危险源进行辨识、评估，结合生产工艺和事故风险，建立健全基于过程控制系统、安全仪表系统、灾害报警系统的监测预报系统，科学合理地设置监测预报参数，并结合系统数据异常情况进行事故风险评估和预报。各级安全监管监察部门要在重大危险源普查登记的基础上，按照"分级监控、实时预警"的原则，逐步建立重大危险源监控预警信息系统，对重大危险源及其周边区域实施动态监控。一旦重大危险源发生事故，要立即向事故区域发出预警，迅速疏散危险区域有关人员，调动应急力量快速处置，做到提前预警、提前防范、提前处置
4	《国务院安委会办公室应急管理部关于加快推进危险化学品安全生产风险监测预警系统建设的指导意见》（安委办〔2019〕11号）	三、建设内容 （一）危险化学品企业、化工园区建设完善监测监控系统。 危险化学品企业要加快信息化、智能化改造，2019年底前一、二级重大危险源企业实现重大危险源和关键部位的监测监控全覆盖。化工园区建立安全监管信息平台，接入园区内一、二级重大危险源企业在线监测监控数据，对园区内重点企业、重点场所、基础设施进行在线实时管控。各地要依法加强对企业监测监控的监管执法，凡是监测监控系统建设、接入和其他安全措施达不到标准的企业，依法不得开展危险化学品生产经营活动

1. 动态监测数据

动态监测数据是指企业生产安全监测指标的实时数据与报消警数据。对于不同的工艺有不同的监测参数和指标，如：对光气及光气化工艺，有一氧化碳、氯气含水量、冷却介质的温度等；对于氯化工艺，有冷却系统中冷却介质的温度、压力、流量等；危险化学品储存罐区的监测数据有储罐压力、液位、温度等。国家对重点监管的危险化工工艺重点监控参数进行了明确。

2. 视频监测数据

重点接入以下区域的视频：重大危险源储存单元、重点监管危险化工工艺装置区内视频；企业值班监控中心视频；化工园区值班监控中心视频。视频采集范围还应包括进出口大门、重要通道、消防泵房、消防值班室、危险化学品装卸区域等。利用视频智能分析技术，针对危险化学品企业内发生的不安全行为、不安全状态进行实时检测，及时生成报警信息，加强企业风险监测。通过企业前端智能设备或中心侧智能分析服务器，结合视频平台在园区、地市节点的视频，实现视频分析功能。

3. 预警推送数据

根据危险化学品重大危险源罐区、重点监管危险化工工艺装置、厂区可燃/有毒气体泄漏等风险预警模型的计算结果，对相关人员进行预警推送（推送过程中产生的数据）。

（二）预警分级

一般情况下，按照事故发生的紧急程度、发展势态和可能造成的危害程度将预警分为一级、二级、三级和四级，分别用红色、橙色、黄色和蓝色标示，一级为最高级别。在事故情形简单、严重程度较小等情况下，可以根据实际情况，将预警灵活调整分为两个或三个等级。

风险预警分级模型构建。基于风险的概念，即事故后果严重程度与事故发生可能性的组合，选取危险化学品重大危险源分级来表征企业的固有危险属性，选取关键参数实时报警数据来表征企业安全生产动态风险，建立企业安全生产风险预警指标体系。基于风险分级理论及风险矩阵计算方法，将影响重大危险源安全生产的两类因素引入数学模型中，根据危险化学品重大危险源分级结果、安全生产实时监控指标及得分、修正系数，建立重大危险源安全生产风险预警值计算模型。

（三）全国危险化学品安全生产风险监测预警系统简介

全国危险化学品安全生产风险监测预警系统是由国家应急管理部主导建设、面向全国危险化学品企业的安全监管管理平台。系统围绕危险化学品储罐区、仓库、生产装置等重大危险源及关键部位等的安全风险，实现从企业、园区、地方应急管理部门到应急管理部的分级管控与动态监测预警，不断提高危险化学品安全监管的信息化、网络化、智能化水平，有效防范化解重大安全风险，坚决遏制重特大事故，有力保护人民群众生命财产安全。

1. 风险预警分级建设及应用

危险化学品监测预警系统实行部、省分级建设，部、省、市三级应用。

（1）地市级危险化学品监测预警

地市级应急管理部门实时监测企业罐区、库区及值班监控室等重点部位的视频图像、监测报警数据，指导各级监管执法人员有针对性地开展执法检查；通过在线巡查、监管反馈实现风险预警信息消除的闭环处置。

（2）省级危险化学品监测预警

省级应急管理部门通过省级系统获取重大风险预警信息，全面掌握本辖区内危险化学品企业和重大危险源风险分布，实现重点地区风险动态监测预警，在需要时能够调取辖区内企业的实时图像、数据，督促地市级应急管理部门落实安全监管职责，并为事故应急处置提供数据支持。

（3）部级危险化学品监测预警

应急管理部通过部级系统全面掌握全国危险化学品企业和重大危

险源情况，实现全国宏观趋势性风险综合分析和动态监测预警。

2. 预警信息与发布调整和解除方式

预警信息包括事故类别、预警级别、起始时间、可能影响范围、警示事项、应采取的措施和发布者等。预警信息的发布、调整和解除可以通过广播、电视、报刊、社交媒体、警报器等，对老、幼、病、残、孕等特殊人群以及学校等特殊场所和警报盲区应多采取有针对性的公告方式。

3. 预警措施

按照不同预警等级，分别采取一项或多项应急措施；一旦重大危险源发生事故，要立即向事故区域发出预警，迅速疏散危险区域有关人员，调动应急力量快速处置，做到提前预警、提前防范、提前处置。

（1）预警推送

设置预警推送触发机制，系统自动生成预警报告，并按照设定推送至相关人员，同时通过短信提醒方式，以实现向有关危化品企业安全负责人及化工园区监管部门快速、精确推送重大危险源风险预警情况。预警短信推送机制按照风险预警系统的预警推送机制制定，即企业风险达到不同的风险级别后，根据推送机制判定，给责任机构推送预警短信。

（2）预警反馈

以动态预警和在线巡查的风险分析结果为依据，系统自动生成并推送预警处置报告单，由相关企业及时处理并反馈处理结果，形成闭环。同时设置提醒功能，对于不同风险级别的未处置预警定时通过短信、邮件、电话、微信等方式向企业及相关负责人发送提醒，督促及时落实。同时综合考虑预警反馈时间、反馈内容、反馈数量等指标，建立预警反馈考核评分机制，由系统自动打分，对长期未反馈或乱反馈导致评分低的企业，列入相关监管部门重点执法检查对象。

（3）预警状态评估

基于风险预警基础数据，结合危险源、点位、预警处置等信息，综合考虑重大危险源在线状态，计算重复报警率、点位平均报警次数、平均消警时长、消警处置及时率等衍生指标，结合地图直观地展示给相应人员，为日常监管执法工作提供数据支撑。

4. 系统总体架构

危险化学品安全生产风险监测预警系统通过接入企业实时监测数据和视频监控数据，同时依托危险化学品登记管理系统、危险化学品GIS应用系统等基础数据，通过信息化、智能化手段，实现动态预警、风险分布、在线巡查、安全承诺等功能，为综合分析、风险防范、风险态势动态研判、事故应急提供支持。危险化学品安全生产风险监测预警系统总体架构如图2-4-2所示。

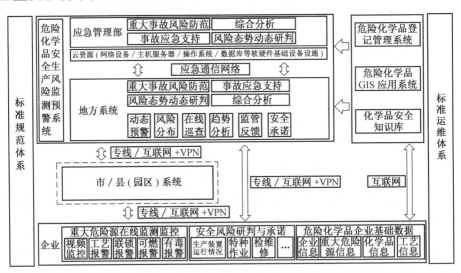

图2-4-2　危险化学品安全生产风险监测预警系统总体架构

5. 系统应用

应急管理部对全国危险化学品宏观趋势性风险进行动态分析，必要时对特定区域进行重点监控。

　　省级应急管理部门通过省级系统获取重大风险预警信息，全面掌握本辖区内危险化学品企业和重大危险源风险分布，实现重点地区风险动态监测预警，在需要时能够调取辖区内企业的实时图像、数据，督促市级应急管理部门落实安全监管职责，并为事故应急处置提供数据支持。

　　市、县（园区）级应急管理部门通过省级系统或自建系统，轮巡调阅企业罐区及值班监控室等重点部位的视频图像、监测报警数据，监督企业落实风险预警反馈，通过在线巡查、监督巡查等方式督促企业落实主体责任，并指导本级监管执法人员有针对性地开展执法检查。

　　危险化学品企业应部署采集设备，逐步健全完善监测监控系统，完成并实时监测预警。同时完成企业安全承诺公告及企业基础数据的录入。

6. 重点监测项目设置与数据采集分析

　　危险化学品安全生产风险监测预警系统业务架构如图 2-4-3 所示，主要包括动态监测、风险研判、风险预警、在线巡查、安全承诺公告、综合分析六大功能模块。

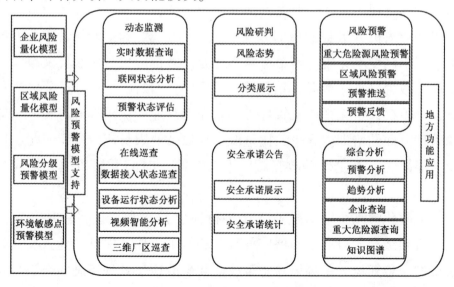

图 2-4-3　危险化学品安全生产风险监测预警系统业务架构

要素 7：教育培训与演练。教育培训与演练是企业普及应急知识，从业人员提高应急处置技能、熟练掌握应急预案的有效措施。危险化学品企业应对从业人员（包含承包商、救援协议方）开展针对性知识教育、技能培训和预案演练，使从业人员掌握必要的应急知识、与岗位相适应的风险防范技能和应急处置措施。要建立从业人员应急教育培训考核档案，如实记录教育培训的时间、地点、人员、内容、师资和考核的结果。

本要素包括应急教育培训、应急演练、演练评估三个项目。

【条文解读】 >>>>>

（一）应急教育培训

企业从业人员既是预防事故发生的重点防范对象，也是事故发生后最有条件开展先期应急处置的承担者。加强对从业人员的应急教育和培训，使其掌握必要的应急知识和具备辨别危险因素、防范和应对事故灾难的能力，对于有效保护从业人员自身安全、防止事故扩大和减少事故损失等具有重要意义。从目前情况看，危险化学品企业在对从业人员开展应急教育和培训方面还存在一些问题。一是对应急教育培训不够重视。有的企业尤其是规模较小的，片面追求经济效益，疏于对从业人员开展应急教育培训工作；应急教育培训组织体系不健全、规章制度不完善、资金保障不充分，敷衍应付、做表面文章。二是应急教育培训不到位。有的企业片面坚持预防为主的安全生产理念，不重视甚至无视应急管理工作，在对从业人员培训和考核时，应急管理方面的培训内容少、比重低，导致从业人员应急知识不足、应急技能缺乏，不懂得自救互救，不会在第一时间开展事故先期应急处置。

危险化学品企业对从业人员进行应急教育和培训是一项法定义务，必须结合各自实际开展应急教育和培训工作，保证从业人员具备必要的应急知识，掌握风险防范技能和事故应急处理措施。在事故发生时，从业人员在保证自身安全的前提下，能够开展必要的先期处置工作。

危险化学品企业对从业人员进行应急教育培训，重点应包括生产安全事故应急预案、疏散和现场紧急情况的处置、自救互救知识、避险逃生技能四个方面内容。

（二）应急培训方式与考核建档

具备安全培训条件的危险化学品企业，应当以自主培训为主，也可以委托安全培训机构，对从业人员进行安全培训。不具备安全培训条件的生产经营单位应当委托安全培训机构，对从业人员进行安全培训。应急培训是安全培训的重要组成部分，安全培训课程设置中应安排专门的应急教育培训内容，不可以泛泛的以安全培训代替应急培训。

危险化学品企业应当将应急培训工作纳入企业年度工作计划，保证企业应急培训工作所需资金。

危险化学品企业应当建立应急教育和培训档案，如实记录应急教育和培训的时间、内容、参加人员以及考核结果等情况。应急教育和培训内容应力求贴合实际、实用有用，既有理论知识培训，更要设置岗位应急处置实操培训、逃生疏散培训、自救互救培训等实操内容。应设置量化考核指标，考核不合格者不得上岗，将教育培训工作做实做细，避免教育培训走形式、走过场。

（三）应急演练

应急演练是检验和提高应急能力的重要手段。通过应急演练可以发现应急预案的缺陷，有的放矢地对应急预案进行修改完善，从而保证应急预案实用管用。同时，应急演练还能发现应急准备工作不足，磨合机制，锻炼队伍，不断提高应急救援与处置能力。从实际情况看，应急演练还存在一些问题，主要包括：一是部分欠发达地区、小微企业对应急演练还不够重视，没有做到定期开展或者频次过少。二是部分应急演练结合风险特点不够、结合应急预案实际不够、结合应急组织体系不够、结合应急资源不够，没有切实达到检验和完善应急预案的目的，有的甚至还存在把"演习"当"演戏""一演了之"的现象。三是部分单位认为应急演练仅限于演练活动的组织实施过程，不注重演练的总结评估和对应急预案的修订完善，"演而不评、评而不改"。

危险化学品企业应充分认识到，开展应急演练是性价比很高、投入产出比很大的提高员工能力的投资，是各层级应该深入细致、常抓不懈的基础工作。通过企业生产安全事故应急演练工作实践来看，企业开展应急演练应避免大场面、花架子。重点应加强车间、班组等基层的现场处置方案的演练，车间、班组的所有现场处置方案应循环演练、全员参与演练，做到各重大危险源、重要岗位、重要设备设施可能发生的各种事故类型全覆盖，增加演练频次，而不是仅限于法规规章规定的最低频次。

组织开展应急演练，要做好以下工作：一是落实应急演练工作责任。企业是应急演练的实施主体，有组织应急演练的责任和义务，必须定期组织应急演练。二是建立应急演练制度。应急预案编制单位要有计划、有目的地组织开展应急演练，形式可以多种多样。企业要以提高事故先期处置能力和一线从业人员避险逃生、自救互救能力为重点，大力开展基层车间、班组和岗位的应急演练，至少每半年组织一次现场处置方案演练，至少每年组织一次综合应急预案或者专项应急预案演练。三是加强应急演练监管。危险化学品企业要将应急演练情况及时报送所在地县级以上地方人民政府应急管理部门。

（四）应急演练方式方法

应急演练按照演练内容分为综合演练和单项演练，按照演练形式分为实战演练和桌面演练，按目的与作用分为检验性演练、示范性演练和研究性演练，不同类型的演练可相互组合。

1. 实战演练

实战演练，要按照应急演练工作方案有序推进各个场景，开展现场点评，完成各项应急演练活动，妥善处理各类突发情况，宣布演练结束与意外终止应急演练。实战演练主要按照以下步骤进行：

演练策划与导调组对应急演练实施全过程的指挥控制。

演练策划与导调组按照应急演练工作方案向参演单位和人员发出信息指令，传递相关信息，控制演练进程。信息指令可由人工传递，也可以用对讲机、电话、手机、网络方式传送，或者通过特定声音、标志与视频呈现。

演练策划与导调组按照应急演练工作方案规定程序熟练发布控制信息，调度参演单位和人员完成各项应急演练任务。应急演练过程中，执行人员应随时掌握应急演练进展情况，并向领导小组组长报告应急演练中出现的各种问题。

各参演单位和人员根据导调信息和指令，依据应急演练工作方案规定流程，按照发生真实事件时的应急处置程序，采取相应的应急处置行动。

参演人员按照应急演练方案要求作出信息反馈。

演练评估组跟踪参演单位和人员的响应情况，进行成绩评定并做好记录。

2. 桌面演练

在桌面演练过程中，演练执行人员按照应急演练方案发出信息指令后，参演单位和人员依据接收到的信息，以回答问题或模拟推演的形式，完成应急处置活动。通常按照四个环节循环往复进行。

注入信息。执行人员通过多媒体文件、沙盘、消息单等多种形式向参演单位和人员展示应急演练场景，展现生产安全事故发生发展情况。

提出问题。在每个演练场景中，由执行人员在场景展现完毕后根据应急演练方案提出一个或多个问题，或者在场景展现过程中自动呈现应急处置任务，供应急演练参演人员根据各自角色和职责分工展开讨论。

分析决策。根据执行人员提出的问题或所展现的应急决策处置任务及场景信息，参演单位和人员分组开展思考讨论，形成处置决策意见。

表达结果。在组内讨论结束后，各组代表按要求提交或口头阐述本组的分析决策结果，或者通过模拟操作与动作展示应急处置活动。各组决策结果表达结束后，导调人员可对演练情况进行简要讲解，接着注入新的信息。

此外，应急演练还有双盲演练、实训演练等演练方式。危险化学品企业组织应急演练应以提高能力、取得实效为出发点和落脚点，争取在一定的周期内，做到企业从业人员演练全覆盖、事故类型全覆盖，不拘泥于形式，把应急演练工作做实做细。

（五）演练评估

应急演练评估是围绕演练目标和要求，对参演人员表现、演练活动准备及其组织实施过程作出客观评价，并编写演练评估报告的过程。通过应急演练评估发现应急预案、应急组织、应急人员、应急机制、应急保障等方面存在的问题或不足，从而提出改进意见或建议，也能够并总结演练中好的做法和主要优点。

为确保应急演练的质量和效果，企业要建立应急演练评估制度，这既是发现并改进应急预案存在的问题、提高应急演练效果的有效措施，也是《生产安全事故应急预案管理办法》的明确要求，国家也发布了《生产安全事故应急演练评估规范》（AQ/T 9009—2015）。演练评估的主要内容包括：应急演练的执行情况，应急预案的合理性与可操作性，指挥协调和应急联动情况，应急人员的处置情况，演练所用设备装备的适用性，对完善应急预案、应急准备、应急机制、应急措施等方面的意见建议等。

如何开展应急演练评估？演练评估主要是通过对演练活动或参演人员的表现进行的观察、提问、听对方陈述、检查、比对、验证、实测而获取客观证据，比较演练实际效果与目标之间的差异，总结演练中好的做法，查找存在的问题。演练评估应以演练目标为基础，每项演练目标都要设计合理的评估项目、方法、标准。演练组织单位应根据评估报告中提出的问题和不足，制定整改计划，明确整改目标，提出整改措施，并跟踪督促整改落实，直到问题解决为止。

要素 8：值班值守。 值班值守是企业保障事故信息畅通、应急响应迅速的重要措施，是企业应急管理的重要环节。危险化学品企业要设立应急值班值守机构，建立健全值班值守制度，设置固定办公场所、配齐工作设备设施，配足专门人员、全天候值班值守，确保应急信息畅通、指挥调度高效。规模较大、危险性较高的危险化学品生产、经营、储存企业应当成立应急处置技术组，实行 24 小时值班。

本要素包括应急值班、事故信息接报、对外通报三个项目。

【条文解读】 >>>>>

本条是关于危险化学品企业值班值守机构、制度、人员组成等方面的要求。

危险化学品企业属于典型的高危行业生产经营单位，时刻面临诸多安全风险。做好危险化学品企业值班值守工作，一方面可以在第一时间发现和报告险情，便于企业快速开展应急响应、组织应急救援，从而为有效、及时、科学开展应急处置争取宝贵时间；另一方面，企业及时向有关单位报告事故情况和先期应急处置情况，通报事故可能造成的影响和次生、衍生灾害，也便于地方政府和负有应急管理职责的部门、企业上级公司（集团）及时掌握事故情况，统筹调动辖区和系统内应急资源，及时增援，防止事故进一步扩大。特别是地方政府视情况组织人员疏散、采取交通警戒、预警发布等措施，能够减少事故造成的次生、衍生灾害风险，保护人民群众生命财产安全。因此，做好值班值守工作是确保信息畅通、及时传递、迅速响应、有效应对的关键环节。

（一）应急值班的有关要求

实践证明，应急值班是企业有效响应、及时处置事故的重要保障。《生产安全事故应急条例》（国务院令第 708 号）、《生产经营单位生产安全事故应急预案编制导则》（GB/T 29639—2013）等法规制度中对应急值班工作均提出明确要求，危险化学品企业要认真落实应急值班工作要求。

1. 配强值班人员

应急值班人员要在事故发生后第一时间作出准确反应，按应急预案展开信息报告、初期预警、应急响应等工作。鉴于应急值班工作的特殊性，危险化学品企业要选配政治素质高、工作责任心强、专业能力过硬、救援经验丰富、熟悉处置程序的人员参加值班工作。要建立健全应急值班制度，明确各级值班人员的基本条件，对其职务、专业能力、工作年限、应急培训等作出明确的要求，保证值班人员能够有效完成值班任务。要定期组织值班人员业务培训，让值班人员及时了解掌握阶段性、季节性风险特点和值班要求，不断增强应急响应和处置能力。要通过问答查岗、应急演练等形式，经常检查应急值班人员业务熟练情况。

2. 成立应急处置技术组

《生产安全事故应急条例》（国务院令第 708）第十四条规定规模较大、危险性较高的易燃易爆物品、危险化学品等危险物品的生产、经营、储存、运输单位应当成立应急处置技术组，从法规层面明确了危险化学品企业成立应急处置技术组的要求。应急处置技术组作为企业非常设但很有必要的应急组织，应当由危险化学品企业工艺、设备、安全、仪表等各专业管理人员组成，优选业务精、技术好、能力强的人员纳入应急处置技术组，实行 24 小时待命值班，随时准备为应急救援提供技术支持。危险化学品企业要在应急预案中明确应急处置技术组等应急机构的人员构成、负责事项、工作方式等内容，充分发挥专业指导和技术支持的作用，定期组织技术处置业务交流，熟悉技术处置启动方式和工作流程。

3. 配备值班设施

值班设施是开展危险化学品企业值班值守工作的基础保障。危险化学品企业要有相对独立的应急值班场所，配备现代化的办公设备和基本生活设施，组建以通信网络系统、生产控制系统、决策指挥系统、辅助决策系统为支持的值班系统和平台。充分利用视频呼叫、一键呼叫等各种通信技术手段，依据事故的轻重缓急和事故类型及时将事故信息、处理方案和应急救援预案的启动级别通过电话、短信、电子邮件等不同方式通知有关各方和报告相应部门，及时准确上传下达应急信息。值班平台要接入企业生产监测预警系统，便于随时查询报警信息，显示现场、一线情况，在线提供应急救援辅助决策、视频会商等服务。

4. 严格值班管理

危险化学品企业要严格日常值班管理。在值班机构上，对管理层级较多的大型危险化学品企业，从集团公司、地区公司，到分厂车间或生产岗位，各级组织都应该制定本级的应急值班制度，不能以上级的制度代替下级的制度。应急值班制度中涉及基层岗位操作人员的应急相关要求，应纳入岗位操作规程之中，避免出现"两张皮"现象，便于基层岗位员工执行。在值班性质上，可分为领导值班、应急管理部门值班、专职应急队伍值班、基层单位生产指挥人员值班等几类，根据值班职责和工作性质不同，在制度中作出详细界定，不要笼统地提出要求。在值班程序上，要严格交接班制度，建立工作机制，明确交班重点内容、接班衔接事项和交接班组织形式，确保应急工作的连续性、有序性；要规范事故信息接报、转报、核查程序，提高值班信息处理工作效率。

（二）做好事故信息接报有关要求

危险化学品企业发生生产安全事故后，值班值守人员在第一时间报告事故，开展企业层面应急响应，启动应急预案并组织抢救，对于防止事故扩大、有效处置事故、减少事故损失至关重要。危险化学品企业负责人接报事故后，要按照国家法律法规及时、准确、完整报告事故，对于在政府层面迅速响应，在社会层面组织更加有力的应急救援具有重要意义。因此，要充分认识事故信息接报的重要性，并认真做好危险化学品企业事故信息接报工作。

1. 明确事故信息接收程序

危险化学品企业发生生产安全事故后，事故现场有关人员，包括有关管理人员以及从业人员等，应当立即向企业负责人报告事故情况。如果现场人员没有企业负责人联系方式，为提高事故报告效率，现场人员可以直接拨打企业值班电话报告事故情况，以便通过值班值守人员快速、大范围通报事故信息。值班值守人员接报后，要立即报告企业负责人，通知相关部门开展应急响应和处置，并立即着手事故信息的收集、接收、整理，事故报告的起草、编辑工作，为下一步上报事故信息、通报事故情况等做好准备。企业负责人要明确值班值守人员及其他人员在信息接收过程中的职责。

2. 明确事故报告要求

危险化学品企业要严格按照《生产安全事故报告和调查处理条例》要求，及时向地方政府报告事故情况：单位负责人接到报告后，应当于 1 小时内向事故发生地县级以上人民政府安全生产监督管理部门和负有安全生产监督管理职责的有关部门报告。报告主要内容包括事故发生单位概况，事故发生的时间、地点及事故现场情况，事故的简要经过，事故已经造成或者可能造成的伤亡人数，已经采取的措施以及其他应当报告的情况。危险化学品企业负责人应当将这些内容全面、如实上报，不得隐瞒不报、谎报或者迟报，以免影响及时组织更有力的抢救工作。此外，危险化学品企业负责人不得故意破坏事故现场、毁灭有关证据，为将来进行事故调查、确定事故责任制造障碍，否则就要承担相应的行政责任；构成犯罪的，还要追究其刑事责任。

（三）做好对外通报要求

危险化学品企业发生生产安全事故后，要按照《生产经营单位生产安全事故应急预案编制导则》的要求，即信息传递要明确事故发生后向本单位以外的有关部门或单位通报事故信息的方法、程序和责任人，在做好应急救援和事故报告的同时，要尽快通过一定方式向企业以外的有关部门或单位通报事故信息，避免因事故引发的次生、衍生灾害影响波及周边其他单位。

1. 建立工作机制

危险化学品企业在预案编制等工作中，要认真开展事故风险辨识、评估，对事故风险可能影响周边其他单位、人员的，应及时将有关事故风险的性质、影响范围和应急防范措施告知周边的其他单位和人员，并建立相关信息通报机制，明确通报程序和责任人。

2. 磨合工作机制

危险化学品企业要通过开展应急演练、专业比武、技术竞赛等方式，不断磨合对外通报机制，建立企业与周边企业、地方政府、上级集团（公司）、救援队伍等单位信息通报机制，提高应急响应效率，形成应急处置合力。

要素 9：信息管理。应急信息是企业快速预测、研判事故，及时启动应急预案，迅速调集应急资源，实施科学救援的技术支撑。危险化学品企业要收集整理法律法规、企业基本情况、生产工艺、风险、重大危险源、危险化学品安全技术说明书、应急资源、应急预案、事故案例、辅助决策等信息，建立互联共享的应急信息系统。

本要素包括应急救援信息、信息保障两个项目。

【条文解读】>>>>>

（一）应急救援信息的重要性

应急救援信息是指在为有效应对事故而采取的预防、准备、响应和恢复等活动与计划过程中，所提供或产生的各类有效数据。应急救援信息是应急准备工作的重要内容，是消减事故灾害后果的重要支撑，是预测、研判事故，及时启动应急预案的前置条件，是高效实施处置救援的必要条件，是实现多方联动协同救援的重要基础，完整、及时、有效的应急救援信息可以极大地削弱危化事故应急的复杂性和不确定性，它决定采取何种应急战术，如何调集应急资源和科学施救，它可以变被动的招架为主动的应对，甚至能够扭转局面、转危为安。

危险化学品企业开展应急救援信息准备工作，持续完善各类有效应急救援信息数据，为应对泄漏、火灾与爆炸等具有较强突发性、较大破坏性的危险化学品事故极为重要。在应急预防与准备阶段，建设完善企业基本情况、重大危险源、危险化学品安全技术说明书、应急资源储备、应急处置预案等应急救援信息，不仅可以帮助员工提高风险管控意识，还是及时启动应急响应工作的基本判据。在应急响应与恢复阶段，应急救援信息是应急救援行动的"指南针"，接入事故现场音视频信号、生产工艺参数、剩余物料量、泄漏扩散区域、火灾爆炸能量场范围、警戒与安全区域、周边环境信息数据、应急物资消耗以及应急决策指挥指令等信息，对快速调动应急资源，科学制定救援方案，提高救援成效，控制事态发展，减少人民群众生命财产损失具有重要意义。

（二）应急救援信息的种类

危险化学品企业开展应急救援信息准备工作，首先要理清应急救援信息的种类，确定重要的应急救援信息，而不是"眉毛胡子一把抓"，造成信息资源的浪费和重复。

首先，危险化学品企业需要建设完善企业基础信息，主要涉及有企业平面布置图、原料、产品、生产工艺、重大危险源、关键装置等，归纳和整理基础信息是危险化学品企业应急救援信息的重要组成部分。其次，危险化学品企业需要建立危险化学品安全技术说明书，详细说明危险化学品的理化特性（如 pH，闪点，易燃度，反应活性等）、毒性、环境危害以及对使用者健康（如致癌，致畸等）可能产生危害以及应急处置措施等，建立完善危险化学品安全技术说明书可以作为企业开展应急处置的工作指南和实施参考。最后，危险化学品企业还需要建立应急预案、应急物资装备、专兼职应急队伍、应急专家及其他信息，其中应急预案是应急管理和处置救援的重要抓手，应急物资装备是可调用和合作区域内可请求援助的装备、物资及场所等，专兼职应急队伍和应急专家是应急处置的直接参与者。此外，除了企业基础信息、危险化学品安全技术说明书、应急资源储备、应急处置预案等静态信息外，企业还可以根据实际工作需要接入事故现场音视频信号、剩余物料量、泄漏扩散区域、火灾爆炸能量场范围、警戒区域的划定、周边环境信息数据等动态变化的各类应急救援监测预警信息。

（三）应急信息保障工作要点

信息保障是应急信息管理的重要工作内容，危险化学品企业建立应急信息平台，依托先进的信息通信技术，确保事故现场各类动静态应急救援信息在政府与企业之间，在现场应急指挥部、应急救援队伍、岗位操作人员等相关方之间保持及时、有效流通，对于危险化学品企业应急准备工作而言作用突出、意义重大。

我国应急管理相关法律法规中，明确指出了政府和危险化学品企业开展信息保障的工作要求。其中，《中华人民共和国突发事件应对法》第三十三条提出国家建立健全应急通信保障体系，完善公用通信网，建立有线与无线相结合、基础电信网络与机动通信系统相配套的应急通信系统，确保突发事件应对工作的通信畅通。《生产安全事故应急条例》（国务院令第 708 号）第十六条提出国务院负有安全生产监督管理职责的部门应当按照国家有关规定建立生产安全事故应急救援信息系统，并采取有效措施，实现数据互联互通、信息共享。《危险化学品事故应急救援指挥导则》（AQ/T 3052—2015）4.3 规定坚持信息畅通、协同应对的原则。总指挥部、现场指挥部与救援队伍应保证实时互通信息，提高救援效率，在事故单位开展自救的同时，外部救援力量根据事故单位的需求和总指挥部的要求参与救援。

不同于面向社会公众服务的信息保障，应急信息管理中的信息保障更加注重如何把现场收集的各类动静态应急救援信息，持续不断且及时有效的传递给相关方，危险化学品企业在信息传递过程中所需要的不仅有先进的应急通信技术，而且还需要依托运行平台作为工作枢纽，打造"平时一张网、战时一张图、指令一条线"，反应灵敏、高效的信息保障系统，来确保应急救援信息的保障任务得以顺利施行。在运行平台建设方面，为了落实国家应急信息管理法律法规要求，提高应对事故的信息保障能力，近年来我国主要的大型危险化学品企业都建设了较为完善的应急信息平台，建设应急指挥大厅，配备大屏幕显示系统、分布式信号处理系统、音频扩声系统、多媒体综合调度系统、视频会议系统、智能中控系统和配套辅助系统等软硬件设备，明确部门应急信息平台运维工作职责，配备 24 小时应急值班人员，通过互联网、物联网、云计算、大数据等先进的信息化技术手段，应用公用互联网、光纤通信、卫星互联、短波中继等多种有线与无线相结合的通信方式，实现了从企业总部、二级单位到危险化学品生产作业现场的三级互联与应急信息共享。以中国石油、中国石化、中国海油应急信息平台为例，在平时应急准备中应急信息平台运维人员向系统中录入并不断完善下属企业基本情况、危险化学品基础信息、应急资源储备、应急处置预案等静态应急救援信息。在应急响应过程中，应急信息平台通过有线与无线相结合的多种通信技术方式接入现场音视频信号、生产工艺参数、剩余物料量等各类动态应急救援信息，为领导层指挥决策提供重要参考依据，同时确保应急决策指挥指令传递通道顺畅。

结合危险化学品企业先进应急平台建设运维工作经验，建设和加强危险化学品企业应急信息平台建设要点主要有：一是要分门别类、模块建设，采用模块化思想将复杂的动静态应急救援信息分解为边界清晰的独立单元，例如，企业基础信息、危险化学品安全技术说明书、应急保障资源、应急预案，现场各类动态信息管理以及应急辅助决策等多个功能模块，每个模块完成一个特定的子功能，所有的模块按某种方法组装起来，进而实现整个应急平台所要求的全部功能。二是要互联互通、信息共享，通过互联网、物联网、云计算、大数据等先进的信息化技术手段，应用公用互联网、光纤通信、卫星互联、短波中继等多种有线与无线相结合的通信方式，实现互联互通，消除"信息孤岛"。三是要及时更新数据，及时、准确、有效是应急救援信息的基本要求，失去了及时性、准确性、有效性，应急救援信息出现了偏差，应急准备和应急救援工作质量必将大打折扣。危险化学品企业建设应急平台，需要明确应急信息平台运维工作职责，平时需要录入并持续完善各类静态应急救援信息，保证准确无误；"战时"能够接入各方所需实时传输语音、视频、文字、数据等各类应急救援动态信息，保证不延迟、不中断。

要素 10：装备设施。装备设施是企业应急处置和救援行动的

"作战武器"，是应急救援行动的重要保障。危险化学品企业应按照有关标准、规范和应急预案要求，配足配齐应急装备、设施，加强维护管理，保证装备、设施处于完好可靠状态。经常开展装备使用训练，熟练掌握装备性能和使用方法。

【条文解读】>>>>>

（一）主要应急装备与物资

应急装备与物资是应急救援行动的物质基础，各危险化学品企业应按照《危险化学品单位应急救援物资配备要求》（GB 30077—2013），结合单位自身实际，配齐各类应急救援物资和装备。各类应急装备和物资分别介绍如下：

1. 车辆装备

（1）多功能化学侦检车

多功能化学侦检车主要用于空气检测、核放射检测、生物物质侦检、化学物质检测、有毒气体检测、样品采样等侦检操作，为指挥决策提供必要信息依据等。整车分驾驶室、检验室和器材室，每室被彻底隔离成独立的功能空间。配有装备洗消设备、微正压空调系统、照明设备、固定摄像装置、气象仪、制冷设备、生物监测设备、化学检测设备、核检测设备、车载发电系统、GPS 导航系统、应急呼叫系统、移动摄像系统、通信设备等。某型多功能化学侦检车如图 2-4-4 所示。

图 2-4-4　某型多功能化学侦检车

（2）化学事故洗消车

化学事故洗消车主要用于化学灾害事故的救援洗消。配有照明器材、大型和个人洗消装备、污染物回收器材、个人防护装备等。某型化学事故洗消车如图2-4-5所示。

图2-4-5 某型化学事故洗消车

（3）举高喷射消防车

举高喷射消防车是指在曲臂或直、曲臂上设有供液管路，顶端安装消防炮，可高空喷射灭火剂的举高消防车，如图2-4-6所示。举高喷射消防车一般安装有水罐、泡沫液罐。除在某些特殊场合单独使用外，举高喷射消防车一般均与大型供水消防车或泡沫消防车配套使用，用于扑救石油化工、大型油罐、高架仓库以及高层建筑等火灾。

图2-4-6 某型举高喷射消防车

（4）涡喷消防车

涡喷消防车是将航空涡喷发动机作为灭火剂的喷射动力，将其安装在汽车底盘上，配置常规消防车的水箱、泡沫灭火剂箱、水泵，可大流量、高射速、三维化地喷射细水雾、泡沫、超细粉体灭火剂，主要用于油田、石化工厂、天然气泵站、机场等快速扑灭油气大火的场所，在快速驱散和冷却火灾烟雾方面也有极好作用。涡喷消防车的优点是功率大、喷雾量大、远距离喷射、可喷射泡沫和干粉，缺点是能耗大、喷射角度有限、噪音大、操作维护保养复杂。某型涡喷消防车如图2-4-7所示。

图2-4-7　某型涡喷消防车

（5）消防远程供水系统

消防远程供水系统是指供水能力不低于200 L／s、供水距离大于1 km的成套消防供水系统，主要用于附近有天然水源的大型灭火救援现场的持续供水。消防远程供水系统一般由取水模块、增压模块、模块运输车、水带敷设消防车、大口径水带及接口等组成。2台潜水泵组和1套加压泵组集成在一部车上成为大流量远程供水车，如图2-4-8所示，可快速展开吸水及加压供水工作；水带敷设消防车可将大口径水带快速铺设和快速回收到车厢中，如图2-4-9所示。

图 2-4-8　某型大流量远程供水车

图 2-4-9　某型水带敷设消防车

（6）供气消防车

供气消防车主要用于向大型灾害现场提供已充气气瓶，为灾害现场用尽的空气呼吸器气瓶及气动工具供气。供气消防车还可加装发电照明设施以拓展用途。某型号移动供气消防车如图 2-4-10 所示。

图 2-4-10　某型移动供气消防车

（7）环境应急监测车

可以在发生污染事故现场快速对 PM10、二氧化硫、氮氧化物、一氧化碳等空气质量指标；氯气、甲烷、氯化氢等有毒有害气体和废水中化学需氧量、重金属类有害物质进行定性或定量分析，同时，还可对噪声进行监测。便于环境监测人员迅速抵达现场，在第一时间查明污染物的种类、污染程度，将监测数据通过无线上网技术传输到监控中心，准确地为决策部门提供技术依据。某型环境应急监测车如图2-4-11所示。

图 2-4-11　某型环境应急监测车

（8）急救救护车

急救救护车拥有急救复苏抢救设备和必备药品，能在现场或运送途中对危重伤病人员进行抢救。配有诊箱、供氧系统、药品柜、担架、骨折固定垫、外伤包、心电图机、心电监护除颤仪、呼吸机（器）、输液导轨或吊瓶架、照明灯。图2-4-12为某型急救救护车。

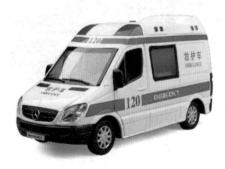

图 2-4-12　急救救护车

2. 个体防护装备

个体防护装备是员工或企业应急救援队伍用于保护自身安全的防护装备。企业应按照《危险化学品单位应急救援物资配备要求》（GB 30077—2013）规定为应急救援人员配备呼吸防护、皮肤防护、坠落防护等个体防护器材。以下是常见个体防护器材。

（1）呼吸防护装备

呼吸防护装备主要有正压式空气呼吸器、自吸过滤式防毒面具、动力送风过滤式防毒面具，其用途、组成、使用方法、维护保养、注意事项见表2-4-3。某型号正压式空气呼吸器、自吸过滤式防毒面具，动力送风过滤式防毒面具如图2-4-13至图2-4-15所示。

表2-4-3 呼吸防护装备

类型	用途	组成	使用方法	维护保养	注意事项
正压式空气呼吸器	在有毒或有害气体环境、含烟尘等有害物质及缺氧等环境中使用，不能在水下使用，为使用者提供有效的呼吸防护	正压式空气呼吸器主要由气瓶总成、减压器总成、供气阀及面罩总成、背拖总成构成，此外，部分正压式空气呼吸器还装有压力平视	1. 目检。使用前要对面罩、头带、供气阀、冲泄阀、中压管、快速接头、气瓶压力进行检查。 2. 检查气瓶压力。打开气瓶阀，观察压力表，气瓶内空气压力应不小于 25 MPa。 3. 系统气密性检查。关闭气瓶阀，继续观察压力表读数 1 min，如果压力降低不超过 0.5 MPa 且不继续降低，则系统气密性良好。否则，应停止使用，并尽快检修。	1. 气瓶。使用正压式空气呼吸器时，要尽量避免碰撞和表面划伤。气瓶应严格按规定进行管理和使用，定期检验。使用时，气瓶内气体不能全部用尽，应保留不小于 0.05 MPa 的余压。满瓶不允许曝晒，禁用超过有效期的气瓶。气瓶气压试验期为 3 年 1 次，超过 3 年应重新做气压试验，合格后方可使用。	当完成任务回到安全区域后才可以卸下装具，及时进行清洗和充气。用中性消毒液洗涤面罩、口鼻罩，擦洗呼吸阀片，自然晾干；检查呼吸阀气密性。使用后的气瓶必须重新充气，保持压力为 28~30 MPa

表 2-4-3（续）

类型	用途	组成	使用方法	维护保养	注意事项
正压式空气呼吸器		显示装置、快速充气装置、远距离通话装置和红外热成像装置等先进配件	4. 报警器检查。轻微打开冲泄阀，注意压力表指针移动至5~6 MPa范围内，报警器是否报警。 5. 面罩气密性检查。将面罩贴紧面部，吸气时应感到面罩向面部贴紧并无漏气现象，说明面罩与脸部的密封良好。 6. 检查瓶箍带是否收紧。 7. 佩戴。将气瓶阀向下背上气瓶，通过拉肩带上的自由端调节气瓶的上下位置和松紧，直到感觉到舒适。 8. 收紧腰带。 9. 打开瓶阀，用手握住手轮把手往气瓶方向推压，逆时针方向旋转瓶阀手轮至少2圈。 10. 佩戴面罩。 11. 正压式空气呼吸器经检查合格后，正确佩戴即可投入使用	2. 减压器。一是减压部分。应定期用高压空气吹洗或用乙醚擦洗一下减压器外壳和"O"形密封圈，如密封圈磨损老化应更换。二是中压安全阀。应按规定压力定期校验。三是气源余气警报器。 3. 全面罩。存放时不能处于受压迫状态，收贮在清洁、干燥的仓库内，不能受到阳光曝晒和有毒有害气体及灰尘的侵蚀。呼气阀应保持清洁，呼气阀膜片每年需要换一次，更换后应检查呼气阀气密性。 4. 供气阀。一般情况下严禁拆卸供气阀，如需对其维修时，可从全面罩上卸下，放松压环，打开壳体，小心地拆下膜片组等零件进行检查和清洗。 5. 常规检查。呼吸器不使用时，要经常进行检查。主要检查警报器、气瓶储气压力及供气管路气密性。检查方法如前述	

表 2-4-3（续）

类型	用途	组成	使用方法	维护保养	注意事项
自吸过滤式防毒面具	适用于空气中氧气浓度高于 17% 的场所中，可防止一氧化碳、氰化氢等有害气体及烟雾、热气流的侵害	由防毒面具和多功能过滤罐组成	1. 取出全面罩，松开头带。 2. 取出滤毒罐，拔掉前后封口板。 3. 将滤毒罐旋入全面罩接口处。 4. 将面具套入头上。 5. 调整头带及全面罩，使之与面部密封	储存在干燥、清洁、通风和避热场所，妥善保管，防止受潮	有毒物质过滤罐为一次性使用的消耗品。使用时间取决于过滤物质的吸附容量、污染物质的浓度、相对的空气湿度和温度以及使用者的呼吸频率。一旦发现有异味或呼吸有阻力，应立即更换
动力送风过滤式防毒面具	在火场及救援现场向使用者提供清洁的空气，呼吸阻力小，感觉较舒适	面罩、滤毒罐、鼓风机、电池、头罩等，通过蓄电池驱动风机强制送入过滤罐，并通过导气管送入面罩	1. 检查呼吸器是否完整好用。 2. 将头罩戴在头上、鼓风机系于人体腰部将各个接口接牢。 3. 打开电源开关即可使用	储存在凉爽、干燥、无毒的环境中，并做好密封，不得受压	如果过滤罐已损害或被压扁则不能使用；当过滤罐有异味时，应及时更换，严禁再次使用；本装备只能由受过专业训练的人员操作维护；不适用于军事毒剂等高毒气体的场合使用

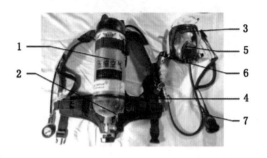

1—气瓶及瓶阀；2—减压器组件；3—供气阀面罩总成；

4—背托总成；5—压力平视显示装置；

6—快速充气装置；7—远距离通话装置

图 2-4-13　正压式空气呼吸器

图 2-4-14　自吸过滤式
防毒面具

图 2-4-15　动力送风
过滤式防毒面具

（2）化学防护服

化学防护服，主要包括一级化学防护服、二级化学防护服，其用途、结构和技术参数、使用方法、维护保养、注意事项见表 2-4-4。一级化学防护服如图 2-4-16 所示。二级化学防护服如图 2-4-17 所示。

表2-4-4 化学防护服

类型	用途	结构和技术参数	使用方法	维护保养	注意事项
一级化学防护服	主要用于重度灾害现场作业时的躯体防护,适用于有毒有害气体和强腐蚀性介质的环境,保护工作人员的呼吸循环系统和皮肤免受侵害,不适用于火场区域与火直接接触	全密封连体式结构,由带大视窗的连体头罩、化学防护服、正压式消防空气呼吸器背囊、化学防护靴、化学防护手套、密封拉链、超压排气阀和通风系统等组成	1. 展开防化服。 2. 背上并调整好呼吸器。 3. 在旁人帮助下自下而上套上防化服下部。 4. 套上袖套,套上背后带气瓶的防化服上部。 5. 调整好面罩。 6. 将面罩与呼吸器通过柔性接头接好,打开气瓶阀。 7. 拉好整套防化服的拉链	1. 防化服用后应立即用温性洗消剂彻底洗消,去除污染物残迹,然后用清水冲洗干净,挂在阴凉通风处自然干燥。 2. 防化服不宜折叠堆放,应悬挂在清洁干燥处,避免受阳光曝晒、有毒气体、腐蚀性介质等侵害。 3. 防化服内外表面应涂抹滑石粉,并在密封拉链上涂抹硅脂润滑剂,防止粘连、老化、确保使用寿命	1. 与携带式空气呼吸器配合使用时,当呼吸器发出余气报警声时,使用者应立即撤离现场。 2. 使用者感到呼吸不畅,身体不适或发现输气管路撕裂、卡住、防化服扯开等故障时应立即撤离现场
二级化学防护服	适用于处置固态、液态化学品,如酸、碱等事故现场	由化学防护头罩、化学防护服、化学防护手套等构成	1. 穿法。将防化服展开,头罩对向自己,开口向上;撑开防化服的颈口、胸襟,两腿先后伸进裤内,穿好上衣,系好腰带;戴上呼	1. 防化服每次使用后应用清水擦净、晾干。根据脏污情况用肥皂水或0.5%~1%的碳酸钠水溶液洗涤,然后用清水冲洗,放在阴凉通	成套的防化服应放在木架或木箱内,堆放时避免重叠过多,长期受压易损。长期保管时,防化

表 2-4-4（续）

类型	用途	结构和技术参数	使用方法	维护保养	注意事项
二级化学防护服	穿着的防护服装,不适用于有毒气体事故现场或进入火场	成,与呼吸保护器材配合使用	吸防护装备,戴上防毒头罩,扎好胸襟、系好颈扣带,戴上手套放下外袖并系紧。 2. 脱法。自下而上解开各系带,脱下头罩,拉开胸襟至肩下,脱手套时,两手缩进袖口内并抓住内袖,两手背于身后脱下手套和上衣;再将两手插进裤腰往外翻,脱下裤子	风处晾干后包装。 2. 仓库中保管的防化服通常每年至少检查一次	服各部位应撒上滑石粉,防止胶布粘在一起。防化服应避免与汽油等有机溶剂及其他对橡胶、织物有害的物质相接触

图 2-4-16 一级化学防护服

图 2-4-17 二级化学防护服

（3）消防头盔

消防头盔主要适用于应急人员在灭火救援时佩戴，对应急人员头、颈部进行保护，除了能防热辐射、燃烧火焰、电击、侧面挤压外，还能防止坠落物的冲击和穿透。消防头盔如图 2-4-18 所示。消防头盔使用注意事项如下：

执勤用消防头盔可采用平放或悬挂方式存放，保持通风、干燥，应做到专人专用。进入火场前，应竖起灭火防护服衣领，并与消防头盔的披肩重合，以保护颈部。灭火救援时，必须戴牢头盔，放下防护面罩，避免消防头盔与火焰或高温炽热物体直接接触。消防头盔应与阻燃头套配合使用。

消防头盔不适用于化学污染、生物污染、核辐射等灾害现场的防护。

此外，在执行火灾外的抢险救援任务时，应该佩戴抢险救援头盔，如图 2-4-19 所示。

图 2-4-18　消防头盔　　　　图 2-4-19　抢险救援头盔

（4）安全腰带

安全腰带主要用于应急救援人员登梯作业和逃生自救，固定于人体腰部，如图 2-4-20 所示。安全腰带作为防坠落装备的组成部件，结构简单、佩戴快速，适用于救援人员登梯保护、紧急避险和逃生自救，但不适合危险性高的高空吊挂或高空救援作业，当需要高空吊挂作业或高空救援作业时，应着半身式或全身式吊带，图 2-4-21 为高空作业半身式吊带。

两侧纺织挂点

装备环

腰环

日式调节扣

腿环

图 2-4-20　安全腰带　　　　　图 2-4-21　半身式吊带

3. 侦检装备

侦检装备是危险化学品企业在应急处置中侦察现场环境，确定成分、浓度、温度、气象、水质、酸碱度等的仪器和工具。常见的侦检装备包括有毒气体检测仪、可燃气体检测仪、水质分析仪、电子气象仪、红外热像仪等。

（1）有毒气体检测仪

图 2-4-22　MX21 型
有毒气体检测仪

有毒气体检测仪主要用于检测事故现场有毒气体的浓度。目前，企业配备的有毒气体检测仪大多为复合气体检测仪，安装可燃气体、有毒气体、氧气和有机挥发性气体等多种检测传感器。以 MX21 型有毒气体检测仪为例（图2-4-22），该仪器通过 4 种不同传感器可同时检测 4 类气体，分别是可燃气体（甲烷、丙烷、丁烷等）、有毒气体（一氧化碳、硫化氢、氯化氢等）、氧气和有机挥发性气体，并在液晶屏上同时显示检测到的各类气体浓度。

（2）可燃气体检测仪

可燃气体检测仪是一种可对单一或多种可燃气体浓度进行检测的便携式检测仪器。当环境中可燃气体浓度达到或超过设定的阈值时，检测仪器会发出声、光、震动等报警信号，提醒有关人员及时采取有效预防措施。某型复合气体检测仪如图 2-4-23 所示。

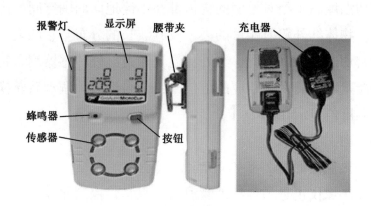

报警灯　显示屏　腰带夹　充电器
蜂鸣器
传感器　按钮

图 2-4-23　某型复合气体检测仪

（3）手持式有毒有害物质识别仪

有毒有害物质识别仪使用成熟的拉曼光谱指纹及多种传感器联用技术，通过采集一个光谱和专用的应用数据库相比较，采用混合物分析的人工智能识别算法及云端多模型融合深度识别算法，以识别物质组分，确定是何种物质。有毒有害物质识别仪主要用于识别有害液体、膏状物、固体和粉末物质。可直接对透明容器和包装内的可疑物质进行识别，对事故现场有毒有害化学品的种类、特征和处理方式进行确认，并在现场第一时间初步评估不明物质的化学成分，无须取样，减少送检的时间，能快速鉴定未知化学物质，包括未知化学品、爆炸物、火工品、合成材料等，最大限度地减少使用人员接触潜在危险物质的风险。手持式有毒有害物质识别仪内置可充电锂电池，连续工作时间大于5 h。某型手持式有毒有害物质识别仪如图 2-4-24所示。

图 2-4-24　某型手持式有毒有害物质识别仪

（4）红外测温仪

红外测温仪如图 2-4-25 所示。

一切温度高于绝对零度的物体都在不停地向周围空间发出红外辐射能量。物体红外辐射能量的大小及其波长的分布与它的表面温度有着十分密切的关系。因此，红外测温仪通过红外传感器测量物体辐射的红外能量，并转变为相应的电信号，信号经放大调理后转换为被测目标的温度值显示在 LCD 上。

（5）红外热像仪

红外热像仪如图 2-4-26 所示。

红外热像仪也是一种红外测温仪，只是将探测器探测到的红外辐射能转换为电信号后，通过显示器显示红外热像图。

图 2-4-25　红外测温仪　　　图 2-4-26　红外热像仪

（6）电子气象仪

电子气象仪主要用于对风速、温度、风冷、湿度、热度、凝露、潮气、气压、海拔、密度等气象指标进行监测测量。

（7）电子酸碱测试仪

电子酸碱测试仪用以测量受污染区域内液体的酸碱度。

4. 堵漏装备

堵漏装备主要包括注入式堵漏工具（图 2-4-27）、气动吸盘式堵漏器（图 2-4-28）、捆绑式堵漏带（图 2-4-29）、外封式堵漏带（图 2-4-30）、内封式堵漏袋（图 2-4-31）、堵漏套管（图 2-4-32）、木楔堵漏工具（图2-4-33）、小孔堵漏枪（图2-4-34），其用途、组成、使用方法见表2-4-5。

图2-4-27 注入式堵漏工具

图2-4-28 气动吸盘式堵漏器

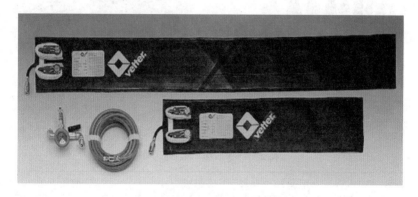

图2-4-29 捆绑式堵漏带

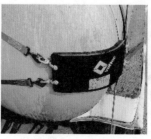

图2-4-30 外封式堵漏带及其应用

图 2-4-31　内封式堵漏袋及其应用

图 2-4-32　堵漏套管

图 2-4-33　木楔堵漏工具

图 2-4-34　小孔堵漏枪

表 2-4-5　堵漏装备

类型	用途	组成	使用方法
注入式堵漏工具	主要用于高温高压情况下的阀门、管道、法兰盘的堵漏作业	由夹具、注胶头、注胶枪、高压连接管、手动液压泵、专用扳手及堵漏胶等组成	1. 将高压泵、高压软管、注胶枪与钢带、夹具连接好，准备好相应泄漏物质和温度的堵漏胶。 2. 对高压泵进行打压，并观察注胶枪活塞运动及堵漏情况，根据需要添加堵漏胶。 3. 一个点注胶完毕后，锁紧夹具，拆下注胶枪，并把枪膛安装在另一个夹具上继续打压，直至泄漏点无泄漏为止

表 2-4-5（续）

类型	用途	组成	使用方法
气动吸盘式堵漏器	用于封堵不规则孔洞	由气瓶、减压器（减压阀）、操纵仪、充气软管、排流管、吸盘等组成	连接气瓶、减压器（减压阀）、操纵仪、充气软管，将充气软管、排流管一头与吸盘连接，然后把吸盘放置到所需堵漏的地方，打开气瓶阀，气流通过排流管流出，产生负压将吸盘吸住罐体，达到引流与封堵作用
捆绑式堵漏带	用于密封直径 50~480 mm 管道以及圆形容器的裂缝	主要由控制阀、减压器、脚泵（或气瓶）、充气软管和绷带（包扎带）等组成	1. 连接气瓶（或脚泵）、减压器和充气软管，做好充气准备。 2. 将堵漏带装有带子的一面朝外，不带充气快速接头的一端捆绕在管道裂缝处。 3. 两手扶住堵漏带，用堵漏带上的带子绕堵漏带一圈或数圈，与导向扣连接好，然后再将另一根带子对称绕堵漏带一圈或数圈，并与导向扣连接好。 4. 再用导向扣把两根带子均匀用力，收紧两根带子。 5. 将控制阀充气软管与堵漏带连接好。 6. 打开钢瓶阀门（或操作脚泵），控制操纵仪充气至密封即可

表 2-4-5（续）

类型	用途	组成	使用方法
外封式堵漏带	用于管道、容器、油罐车或油槽车、桶与储罐直径 48 cm 以上裂缝的堵漏	主要由控制阀、减压器、带快速接头的充气管、脚踏泵（或气瓶）、带挂钩的绷带、防化衬垫、堵漏气袋、收紧器等组成	1. 将充气钢瓶减压器、操纵仪和充气软管连接好。 2. 将密封板盖在裂缝处压住，将 4 根带有钩子的带子钩在堵漏带的铁环（放转扣）上，将堵漏带压在压住的密封板上，并压住堵漏带。 3. 将对称的两根带子绕桶体用收紧器连接好，并将带子收紧，同时将 4 根带子也利用收紧器收紧。 4. 将充气软管与堵漏带连接，打开钢瓶阀门，控制操纵仪充气，直至密封即可
内封式堵漏袋	当发生危险化学品泄漏时，用于对圆形容器或管道进行封堵作业，防止污染扩散	主要由堵漏气袋、单出口/双出口控制阀、供气源（气瓶或脚泵）、带快速接头的气管、安全限压网、减压器（当使用压缩空气瓶时）等组成	1. 将供气源（气瓶或脚泵）与减压器、充气软管、操纵仪进气口和出气口连接好。 2. 根据泄漏点尺寸选合适的堵漏袋与操纵仪、充气软管连接。 3. 在堵漏袋的铁环上安装固定杆，执固定杆并将堵漏袋塞入泄漏处（深度至少是袋身的 75%）。 4. 控制操纵仪并充气直至泄漏处密封，关闭气源

表 2-4-5（续）

类型	用途	组成	使用方法
堵漏套管	用于各种金属管道裂缝的密封堵漏	主要由金属套管、防化防油胶垫、一副内六角扳手等组成	1. 将金属堵漏管箱抬至化工装置泄漏部位的上风处。 2. 选择相应规格的套管，拧下套管四周所有螺丝。 3. 将金属堵漏套管内的胶套包在泄漏点上风一侧，盖上堵漏套管并拧上螺丝（松紧以可移动为佳），将堵漏套管推至泄漏点。 4. 拧紧螺丝，确认泄漏口被封堵
木楔堵漏工具	主要用于各种孔洞较低压力、多种形状的堵漏作业	主要由圆锥形、梯形、三角形三种不同规格木楔和木槌等组成	将木楔插入泄漏点，经外力施压后封堵泄漏点
小孔堵漏枪	主要用于密封油罐车、液罐车及储存罐小孔和裂缝的堵漏	主要由密封袋（减压塞）、脚踏泵和四节输气杆式操作手柄（操纵仪）等组成，堵漏密封袋有防腐橡胶制成的圆锥形、楔形两种形状，分别适用于孔状泄漏和裂缝泄漏	1. 将装有堵漏枪的箱子放在泄漏点的一侧。 2. 取出脚踏泵，拿出输气杆式操作手柄连接好。 3. 选择合适的密封袋，再与操作手柄连接好。 4. 将脚踏泵充气软管与操作手柄连接好。 5. 打开操纵仪，两手握住连接杆，将密封袋的 75% 插入泄漏处。脚踏充气泵直至泄漏处密封即可

5. 移动消防炮

移动消防炮按控制方式可分为手动、电控和液控三类；按水射流形式分为直流水炮和直流喷雾水炮；按炮座流道分为双弯管消防水炮和单弯管消防水炮。

使用方法：启动供水设备，开启相应的管路阀门。调整消防水炮射流的水平角度、俯仰角度及直流/喷雾状态，进行灭火作业。灭火作业结束后，应冲洗消防炮内流道，冲洗后应将系统阀门恢复至使用前的启闭状态。移动式消防水炮供水前应确保各支脚可靠着地，供水时应缓慢升压，条件允许时应用安全带将炮座与构筑物拴紧，以防炮体在喷射时倾翻或后移。若使用电控、电–液控、电–气控消防水炮，应通过操作面板控制消防水炮回转角度。使用电控、电–液控、电–气控消防水炮时，当电气设备失灵时，可以通过手动装置对消防水炮进行操作。

6. 泡沫液

泡沫是石油化工火灾扑救的主要灭火剂之一。能够与水混溶，并可通过化学反应或机械方法产生泡沫进而用以灭火的药剂称为泡沫灭火剂。按照产生泡沫灭火剂的机理可分为两大类，即化学泡沫灭火剂和空气（机械）泡沫灭火剂。按照发泡倍数和泡沫产生装置可分为高倍数泡沫灭火剂、中倍数泡沫灭火剂、低倍数泡沫灭火剂和压缩空气泡沫灭火剂。按发泡剂来源可分为蛋白泡沫灭火剂和合成泡沫灭火剂。按泡沫溶液的表面张力可分为成膜型泡沫灭火剂和非成膜型泡沫灭火剂。按扑救对象可分为抗溶性泡沫灭火剂和非抗溶性泡沫灭火剂。

泡沫相对密度远远小于一般可燃液体的相对密度，因而可以漂浮于液体的表面，形成一个泡沫覆盖层。同时，泡沫又具有一定的黏性，可以黏附于一般可燃固体的表面。泡沫灭火剂主要有以下灭火作用：

隔离作用。灭火泡沫在燃烧物表面形成的泡沫覆盖层，可使燃烧物表面与空气隔离。

封闭作用。泡沫层封闭了燃烧物表面，可以遮断火焰对燃烧物的热辐射，阻止燃烧物的蒸发或热解挥发，使可燃气体难以进入燃烧区。

冷却作用。泡沫析出的液体对燃烧表面有冷却作用。

稀释作用。泡沫受热蒸发产生的水蒸气有稀释燃烧区氧气浓度的作用。

储存要求：

包装容器要耐腐蚀。贮存环境和温度要适宜。泡沫灭火剂应贮存在阴凉、干燥的地方，不能置于露天曝晒。环境温度上限一般为40 ℃，下限按其流动点上推 2.5 ℃。盛装要保持密封。切忌互相混合。

7. 空气泡沫枪

空气泡沫枪是产生和喷射空气泡沫的器具。按其是否带吸液，可分为自吸液式空气泡沫枪和非自吸液式空气泡沫枪。自吸液式空气泡沫枪结构如图 2-4-35 所示。

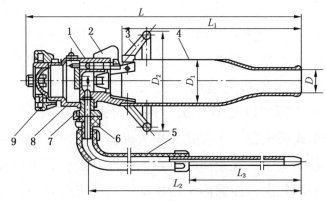

1—喷嘴；2—启闭柄；3—手轮；4—枪筒；5—吸管；

6—密封圈；7—吸管接头；8—枪体；9—管牙接口

图 2-4-35　自吸液式空气泡沫枪

采用吸管吸取空气泡沫时，应先安装好吸管，并检查密封性能是否良好，然后将一端插入泡沫液桶中。当供水正常后，扳动启闭柄，使启闭开关开启，射流即喷出。需要停止喷射时，扳动启闭柄至关闭位置即可。喷射时应顺风方向喷射。

8. 灭火器

按充装灭火剂的类型分为水基型灭火器、干粉灭火器、二氧化碳灭火器、洁净气土体灭火器。水基型灭火器中充装的灭火剂主要是水，另外还有少量的添加剂。根据水基型灭火器的特性，可分为水型灭火器和泡沫灭火器。干粉灭火器内充装的灭火剂是干粉。根据所充装的干粉灭火剂种类的不同，干粉灭火器可分 BC 型干粉灭火器（适用于扑救 B、C 类火灾）、ABC 型干粉灭火器（适用于扑救 A、B、C 类火灾）、D 类火专用干粉灭火器。二氧化碳灭火器中充装的灭火剂是加压液化的二氧化碳。洁净气体灭火器充装的灭火剂包括卤代烷类灭火剂、惰性气体灭火剂和混合气体灭火剂。

按灭火器的重量和移动方式划分为手提式灭火器和推车式灭火器。手提式灭火器是总质量在 20 kg 以下（二氧化碳灭火器在 23 kg 以下），能用手提着用的灭火器具。推车式灭火器是总质量在 25~40 kg 之间，装有车轮等行驶机构，由人力推（拉）着移动灭火的器具。

干粉灭火器主要适用于扑救易燃液体、可燃气体和电气设备的初起火灾。干粉灭火器按充装的干粉灭火剂分为 BC 型干粉灭火器、ABC 型干粉灭火器，以及 D 类火专用干粉灭火器；按移动方式分为手提式、推车式灭火器。手提式干粉灭火器使用时，应手提灭火器的提把，迅速赶到火场，在距离起火点 5 m 左右处，放下灭火器。先把灭火器上下颠倒几次，使筒内干粉松动，再拔下保险销，一只手握住喷嘴，另一只手用力按下压把，干粉便会从喷嘴喷射出来。干粉灭火器在喷粉灭火过程中应始终保持直立状态，不能横卧或颠倒使用，否则不能喷粉。手提式干粉灭火器如图 2-4-36 所示。推车式干粉灭火器使用时，将灭火器推至火灾现场，展开喷射软管，关闭喷枪出粉阀，然后拔出阀体保险销，拉开闸阀，拿起喷枪对准火焰根部，打开喷枪出粉阀扫射即可。推车式干粉灭火器如图2-4-37所示。

二氧化碳灭火器内充装的灭火剂是加压液化的二氧化碳气体，适用于扑救甲、乙、丙类液体、可燃气体和带电设备的初起火灾。手提式二氧化碳灭火器如图 2-4-38 所示。使用手提式二氧化碳灭火器时，拔出灭火器保险销，一手握住喇叭筒上部的防静电手柄，一手压下压把，即可开启灭火器进行喷射。使用推车式二氧化碳灭火器时，将灭火器推至火场，一人取下喇叭筒并展开喷射软管，握住喇叭筒上部的防静电手柄；另一人拔出灭火器保险销，按顺时针方向旋开手轮式阀门，即可对准火焰进行喷射。

图 2-4-36 手提式 干粉灭火器　　　图 2-4-37 推车式 干粉灭火器　　　图 2-4-38 手提式 二氧化碳灭火器

9. 输转与收集装备

（1）防爆输转泵

防爆输转泵适用于输转可燃性液体、强酸强碱等大部分危险液体。一般手持操作，使用方便，如图 2-4-39 所示。

（2）手动隔膜抽吸泵

手动隔膜抽吸泵主要用于输转有毒液体或油类、酸性液体，如图2-4-40 所示。

图 2-4-39　防爆输转泵　　　图 2-4-40　手动隔膜抽吸泵

（3）有毒物质回收桶

有毒物质回收桶主要用于收集并转运有毒物体和污染严重的土壤等。一般能有效抵御强酸、强碱及其他各类化学物质的侵蚀。密封桶由桶体和桶盖两部分组成，回收有毒液体后，一定要清洗干净，保持清洁，如图 2-4-41 所示。

（4）液体吸附垫

液体吸附垫用于有毒液体泄漏的场所进行回收。可快速有效地吸附酸、碱和其他腐蚀性液体。吸附时，不要将吸附垫直接置于泄漏物表面，应将吸附垫围于泄漏物周围。该物品为消耗品，一次性使用。使用后的吸附垫不得乱丢，应专门回收处置。液体吸附垫如图 2-4-42 所示。

 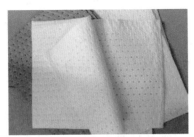

图 2-4-41　有毒物质回收桶　　　图 2-4-42　液体吸附垫

（5）围油栏

围油栏如图 2-4-43 所示。

围油栏用于围堵有毒有害物质泄漏。一般高 60 cm。使用时，在围栏两端，剪开约 1 m 长，用于固定接口。在较粗管道中注入气体，较细管道中注入水，以便围油栏浮于水面。使用后保持清洁。使用时当心与坚硬物质摩擦，以防损坏且在管中不能产生压力。

图 2-4-43　围油栏

（6）污水袋

污水袋主要用于收集洗消后的污水。使用后，应及时对污水袋进行洗消并擦拭干净。收集的污水须专门回收处置。

（7）万用吸附棉

当出现液体泄漏时，现场人员快速展开放置到泄漏液体处。进行吸收处理，防止现场受到有害液体的污染。可吸附水、油品、溶剂、冷却剂、甚至腐蚀性化学品。

（8）化学吸附袋

化学吸附袋用于控制和吸收石油烃类等化学物质。

10. 洗消装备

洗消器材包括针对各种危险化学品的洗消剂、洗消站、单人洗消帐篷以及其他洗消用器材。洗消作业完成后洗消污水的排放必须经过环保部门的检测，以防造成次生灾害。

（1）洗消剂

针对酸、碱、氧化剂、还原剂、添加剂和溶剂造成的化学灼伤，目前主要运用敌腐特灵（高渗性酸碱两性螯合剂）和六氟灵（酸碱通用、高渗、多价化合物）等洗消剂。

（2）单人洗消帐篷

单人洗消帐篷如图2-4-44所示。主要用于化学灾害事故处置中对污染人员和消防队员进行洗消。由帐篷、喷淋器、污水抽吸泵、回收袋等组成。每次使用后必须清洗干净，擦干后方能收起放好。使用中尽量选择平整且磨损较小的场地搭设，避免帐篷破损。架设时，应选择在上风方向的空旷地；充气时不要充太饱，防止帐篷爆裂。

（3）公众洗消帐篷

公众洗消帐篷如图2-4-45所示。主要用于化学灾害事故中大量中毒群众的洗消，也可以作临时会议室、指挥部、紧急救护场所等。每次使用后必须清洗干净，擦干帐篷各部件后收起放好。使用中尽量选择平整的场地搭设，避免帐篷磨损。

图2-4-44　单人洗消帐篷　　　　图2-4-45　公众洗消帐篷

（4）空气加热机

空气加热机如图2-4-46所示。主要用于对洗消帐篷内供热或送风。由送风系统和加热系统两部分组成。通过送风管连接该设备的出风口和帐篷的进风口，并启动送风系统和加热系统。

（5）热水加热器

热水加热器主要用于对供入洗消帐篷内的水进行加热。主要部件有燃烧器、热交换器、排气系统、电路板和恒温器。使用时，按照要求连接好进水口和出水口，并接通电源。每次使用完毕，擦拭热水罐外部、燃油过滤器。每6个月擦拭泵内过滤器，用酸性不含树脂的洞油擦拭燃烧器马达。

（6）高压清洗机

高压清洗机如图2-4-47所示。主要用于洗消各类机械、汽车、建筑物、工具上的有毒污染。由长手柄带高压水管、喷头、开关、入水管、接头、捆绑带、携带手柄、喷枪、消洗剂输送管、高压出口等组成。

图2-4-46　空气加热机　　　　图2-4-47　高压清洗机

11. 应急通信装备

（1）对讲机

对讲机如图2-4-48所示。其用于火场或事故现场的通信联系。对讲机不得长时间受到阳光直射，或靠近加热器具附近。不得将对讲机放在极度多尘、潮湿以及水溅之处，也不要将它放在不平稳表面上。若对讲机发出异味或者冒烟，应立即切断电源。

（2）喉结式收送话器

专为通信的隐秘性而设计，以及为在嘈杂的工作环境提供最佳的选择。由喉结

图2-4-48　对讲机

式耳机、振动式喉结麦克风、防水 PTT 组成。贴附在使用者的喉结部分，声音直接从声带振动传输，因而完美地阻挡嘈杂的背景噪音。本装置采用骨传导技术，可以方便地夹在大部分头盔网套中。大尺寸PTT 单元采用皮带夹固定。

12. 应急照明装备

应急照明装备是用于提高应急救援现场光照亮度的器材，按携带方式分为便携式、移动式和车载固定式。

（1）佩戴式防爆照明灯

佩戴式防爆照明灯是应急人员在各种易燃、易爆场所作业时使用的不需手持的移动照明灯具，根据佩戴方式主要可分为头戴式、肩挎式、腰挂式、吊挂式等多种式样。固态强光防爆头灯如图2-4-49所示。

佩戴式防爆照明灯适用于应急救援人员个人佩戴在头盔上，可在各种易燃、易爆场所长时间安全、可靠工作。

（2）强光防爆手电/手提式防爆探照灯

固态微型强光防爆电筒如图 2-4-50 所示。手提式防爆探照灯如图 2-4-51 所示。强光防爆手电可佩戴在应急人员头盔上，具有轻便灵活、穿透力强、重量轻、工作时间长、安全可靠等特点。外壳为高硬度合金，能经受强烈冲击，可防水并耐高低温、高湿，可在恶劣环境条件下使用。

图 2-4-49　固态强光防爆头灯　　　图 2-4-50　固态微型强光防爆电筒　　　图 2-4-51　手提式防爆探照灯

（3）防爆强光工作灯

防爆强光工作灯适用于应急救援、抢险抢修等远距离或大面积照明。聚光和泛光照明模式可以任意转换，能满足多种场所照明需求，具有电池电量显示功能，防振结构设计，具有抗震抗冲击性能，可手提、拉动，便于携带；拉杆可上下调节高度；带信号警示功能，红蓝交替闪烁；全密封设计，适应于恶劣环境。如图2-4-52所示。

（4）移动照明灯组

移动照明灯组主要用于各种大型施工作业、事故抢修、抢险救灾等现场作移动照明，如图2-4-53所示。

图2-4-52 防爆强光工作灯　　　图2-4-53 移动照明灯组

灯盘配置泛光灯头和聚光灯头，泛光为大面积照射，聚光为远距离照射。可根据现场需要将灯头在灯盘上均布向4个不同方向照明，也可将每个灯头单独做上下、左右大角度调节旋转，实现全方位照明。采用4节伸缩气缸实现升降调节。上下转动灯头可调节光束照射角度。电动或手动控制气泵实现气缸的升降。可分别遥控每盏灯的开启。发电机组底部装有万向轮并选配安装铁轨轮，可在坑洼不平的路面及铁轨上运行。

（二）应急设施

1. 固定消防设施

危险化学品企业常用的固定消防设施主要包括室外消火栓给水系

统、泡沫灭火系统和气体灭火系统。

（1）室外消火栓给水系统

室外消火栓系统的任务是通过室外消火栓为消防车等消防设备提供消防用水，或通过进户管为室内消防给水设备提供消防用水。室外消火栓给水系统应满足火灾扑救时各种消防用水设备对水量、水压、水质的基本要求。

室外消火栓给水系统由消防水源、消防供水设备、室外消防给水管网和室外消火栓灭火设施组成。室外消防给水管网包括进水管、干管和相应的配件、附件。室外消火栓灭火设施包括室外消火栓、水带、水枪等。

（2）泡沫灭火系统

泡沫灭火系统是通过机械作用将泡沫灭火剂、水与空气充分混合并产生泡沫实施灭火的灭火系统，具有安全可靠、经济实用、灭火效率高、无毒性等优点。随着泡沫灭火技术的发展，泡沫灭火系统的应用领域更加广泛。

泡沫灭火系统一般由泡沫液、泡沫消防水泵、泡沫混合液泵、泡沫液泵、泡沫比例混合器（装置）、泡沫液压力储罐、泡沫产生装置、火灾探测与启动控制装置、控制阀门及管道等系统组件组成。

泡沫灭火系统按喷射方式分为液上喷射系统、液下喷射系统、半液下喷射系统。按发泡倍数分为低倍数泡沫灭火系统、中倍数泡沫灭火系统、高倍数泡沫灭火系统。各种灭火系统工作原理简要如下：

液上喷射系统，泡沫从液面上喷入被保护储罐内的灭火系统，与液下喷射灭火系统相比较，这种系统有泡沫不易受油的污染，可以使用廉价的普通蛋白泡沫等优点。

液下喷射系统，泡沫从液面下喷入被保护储罐内的灭火系统。泡沫在注入液体燃烧层下部之后，上升至液体表面并扩散开，形成一个泡沫层。

半液下喷射系统，泡沫从储罐底部注入，并通过软管浮升到液体燃料表面进行灭火的泡沫灭火系统。

低倍数泡沫灭火系统，是指发泡倍数小于 20 的泡沫灭火系统。该系统是甲、乙、丙类液体储罐及石油化工装置区等场所的首选灭火系统。

中倍数泡沫灭火系统，是指发泡倍数为 21～200 的泡沫灭火系统。中倍数泡沫灭火系统在实际工程中应用较少，且多用作辅助灭火设施。

高倍数泡沫灭火系统，是指发泡倍数为 201～1000 的泡沫灭火系统。

泡沫灭火系统的选用，应符合《泡沫灭火系统设计规范》（GB 50151—2010）的相关规定。

甲、乙、丙类液体储罐区宜选用低倍数泡沫灭火系统；单罐容量不大于 5000 m^3 的甲、乙类固定顶与内浮顶油罐和单罐容量不大于 10000 m^3 的丙类固定顶与内浮顶油罐可选用中倍数泡沫系统。

甲、乙、丙类液体储罐区固定式、半固定式或移动式泡沫灭火系统的选择应符合下列规定：低倍数泡沫灭火系统，应符合相关现行国家标准的规定；油罐中倍数泡沫灭火系统宜为固定式。

（3）气体灭火系统

气体灭火系统是指平时灭火剂以液体、液化气体或气体状态存贮于压力容器内，灭火时以气体（包括蒸气、气雾）状态喷射灭火介质的灭火系统。该系统能在防护区空间内形成各方向均一的气体浓度，而且至少能保持该灭火浓度达到规范规定的浸渍时间，从而实现扑灭该防护区的空间火灾、立体火灾。气体灭火系统按灭火系统的结构特点可分为管网灭火系统和无管网灭火装置；按防护区的特征和灭火方式可分为全淹没灭火系统和局部应用灭火系统；按一套灭火剂贮存装置保护的防护区的多少可分为单元独立系统和组合分配系统。按照气体灭火系统使用的介质，包括二氧化碳灭火系统、七氟丙烷灭火系统、惰性气体灭火系统、热气溶胶灭火系统。

2. 气体防护设施

危险化学品企业中有毒有害气体是威胁生产安全的重要危险源，因此应按照国家法律法规和技术标准，结合企业实际情况设置气体防护设施。一旦发生气体伤害事故，气体防护站或气体防护点（以下简称气防站或气防点）是应急救援的关键力量，因此建立合格的气体防护站极其关键。

气防站为全厂性重要设施。气防站宜位于重点防护区全年最小频率风向的下风侧。在山区、丘陵地区建站应避开窝风地点，选择在通风较好、地势较高的安全位置。气防站应位于防护范围内适当位置和交通方便、靠近公路处，便于车辆迅速出动。气防站可与相应防护范围的消防站、职业病防治机构或医疗卫生机构等联合建设，并宜实行联动机制。

3. 防毒、防化学灼伤设施

我国《化工企业安全卫生设计规范》（HG 20571—2014）规定，在液体毒性危害严重的作业场所，在具有化学灼伤危险的作业场所，均应设计洗眼器、淋洗器等安全防护措施，淋洗器、洗眼器的服务半径应不大于 15 m，淋洗器洗眼器的冲洗水上水水质应符合现行国家标准《生活饮用水卫生标准》（GB 5749—2006）的规定，并应为不间断供水；淋洗器、洗眼器的排水应纳入工厂污水管网，并在装置区安全位量设置救护箱。工作人员配备必要的个人防护用品。

洗眼器和淋洗器作为事故发生时的急救设备，其设置的目的是在第一时间提供水冲洗作业者遭受化学物质喷溅的眼睛、面部或身体，降低化学物质可能造成的伤害。冲洗是否及时、彻底，直接关系到最终伤害的严重程度。然而，它们只是对眼睛、面部和身体进行初步处理，并不能取代基本防护用品如防护眼镜、防飞溅面罩、防护手套、

防飞溅长袍、防化服，也不能取代必要的安
全处置程序，更不能取代医学治疗。图 2-
4-54 为某品牌复合式洗眼器。

　　洗眼器和冲淋设备如长期不使用，水管
内可能生成杂质，如果用含有杂质的水冲洗
眼睛，容易引起眼部炎症，加重眼睛的损
伤；如用来冲洗化学性灼伤引起的皮肤破
损，也容易发生感染，带来严重的后果。因
此，洗眼器和冲淋设备最少每周启动一次，
查看是否能够正常运行，这种做法可减少在
停滞的供水管线中沉淀物积聚的机会和微生

图 2-4-54　复合式
洗眼器

物危害成长的可能。对于可以移动的洗眼器（比如便携式洗眼器、
便携式压力洗眼器），需要安排专人每天检查储备的水源是否充足，
同时建议储备的水源每天更换 1 次，以保证水质。每年需要对洗眼器
和冲淋设备进行 1 次年检，查看设备是否处于完好状态。长期暴露
在危险作业环境下的作业人员，设备供应商应该对其提供更多的技术
指导和正确使用洗眼器和冲淋设备的方法。

　　4. 紧急切断装置

　　对于储罐，紧急切断阀是一类可以借助液压等机构在现场或距现
场一段距离外实现快速关闭的阀门，它对储罐的安全运行起着重要作
用，通常状态下它是保持常开的。对于罐车，在装卸作业时，其可能
遇到装卸管脱落、火灾等紧急情况，可通过采取手动或自动的方式来
快速关闭紧急切断阀门，使罐体储运介质不发生大量外泄，同时通过
内置过流保护装置，当通过紧急切断阀的介质流量超过设定值时，紧
急切断阀能够起到自动关闭作用，避免事故和危害。因此，无论是固
定储罐还是危险化学品运输罐车，紧急切断装置至关重要，其是保证
储罐安全运行的关键。随着压力球罐及大型毒化学品储罐等的多样

化，标准规范中针对紧急切断阀的设置要求也在不断改进。

（1）国家法规、标准的要求

《关于进一步加强危险化学品建设项目安全设计管理的通知》（安监总管三〔2013〕76号）中要求设置的紧急切断设施为自动或手动遥控。其中，毒性等级的划分根据《职业接触毒物危害程度分级》分为极度危害（Ⅰ级）、高度危害（Ⅱ级）、中度危害（Ⅲ级）和轻度危害（Ⅳ级）。

《危险化学品重大危险源监督管理暂行规定》（国家安全生产监督管理总局令第40号）中要求毒性气体应设置泄漏物紧急处理装置，对于一级或者二级的重大危险源，应配置独立的安全仪表系统（SIS）。

《立式圆筒形钢制焊接储罐安全技术规范》（AQ 3053—2015）说明了紧急切断阀的适用范围。其中规定储罐物料进出口设置的为切断阀，此类型阀门与其他法规规范中的紧急切断阀的设置目的是相同的，但切断阀的反应时间比紧急切断阀的要长。该切断阀应具备手动和电动操作（现场和远程操作）的功能。该规范对大型储罐（$DN \geqslant$ 30 m 或公称容积 $\geqslant 10000$ m³）提出了应采用气动型、液压型或电动型的执行机构。

《石油化工储运系统罐区设计规范》（SH/T 3007—2014）中的紧急切断阀要求可远程操作，并应有故障安全保障措施。

（2）驱动方式

常见的驱动方式有电动、机械、液压和气动4种。

目前，储罐紧急切断阀的驱动方式选择主要是电动方式或气动方式，因为罐区项目一般都有可靠的气源或电源，选择气动或电动紧急切断阀相对安全、可靠、经济。

5. 泄漏物紧急收集设施

事故应急池（事故水收集池）是指化工、石化等企业排放高浓度废水或发生事故时，会在短时间内排放大量高浓度且 pH 波动大的有机废水，这些废水若直接进入污水处理系统，会给运行中的生物处理系统带来很高的冲击负荷，造成的影响需要很长时间来恢复，有时甚至会造成致命的破坏，为了避免事故水对污水处理系统带来的影响，设置应急事故池，用于贮存事故水。事故池一般应保持放空状态，保证其在特殊时间段发挥应有的作用。

事故池容积应包括事故处置期间可能流出厂界全部流体体积之和，通常包括事故延续时间内消防用水量、事故装置可能溢流出液体量、输送流体管道与设施残留液体量和事故时雨水量。

（三）维护管理

装备设施的维护管理对于保持装备设施完好有效、提升应急救援能力至关重要。

1. 建立健全维护保养制度

新形势下，随着装备器材和应急设施的科技化、复杂化的提高，对装备器材和设施的维护保养尤为重要。良好的装备维护保养是装备管理的重要组成部分，也是装备效能最大化的基本保障。只有加强装备器材的管理和维护保养，才能保证装备器材始终处于最佳战备状态。可以通过录制视频、制定标准等形式开发各类装备器材的维护保养指南。规范装备器材维护保养业务流程，分门别类建立维护保养台账，全程录入装备信息管理系统。根据装备设施性能特点，制定针对性的保养计划，采用定期实施和不定期检查相结合的方式使装备器材持久保持应有的性能，为应急救援提供可靠保障。

2. 利用物联网等先进的技术手段开展数字化、智能化、动态化装备管理

以物联网、大数据和人工智能为代表的现代信息技术是未来我国产业变革的重要推动力，其必将在各个领域得到广泛应用并推动所有行业的创新发展。因此，危险化学品企业必须重视应急管理工作中先

进信息技术的应用，将物联网、大数据和云计算技术应用于装备物资管理系统，形成实时动态、智能高效的装备管理模式，实现对救援队伍和装备物资的数字化、智能化、动态化管理；将物联网和大数据与单兵和救援车辆、器材相结合等，可实现对救援人员身体机能、消防车载水量、水压、流量等性能参数的实时监测，形成数字化单兵、数字化救援车、数字化装备，显著提升单兵及装备的作战效能和安全性能。如立体式自动化装备仓库可实现装备储存和取用的一键式操作，基于射频芯片的物联网技术，使装备的出入库管理更加方便。总之，必须紧跟时代前沿，用先进的技术手段推动装备管理的变革与进步。

3. 健全培养、训练机制，实现人与装备的有机结合

性能先进的装备只有在高素质的人手中才能发挥出强大的战斗力。为加强危险化学品应急处置，在加强装备器材建设的同时，还应建立健全人才培养机制，加大人才培养力度，培养出懂技术的专业应急人员，强化救援队伍对装备技术知识的了解。同时，应加强装备器材和设施的操作训练，不仅要练体能、技能和战法，还应该结合装备，开展装备使用、维护保养等方面的训练，使每一名应急救援队员对装备的性能、结构和操作具有深刻的理解。只有人装备非常熟悉和熟练掌握，才能实现人与装备的有机结合。

要素 11：救援队伍建设。救援队伍是企业开展应急处置和救援行动的专业队和主力军。危险化学品企业要按现行法律法规制度建立应急救援队伍（或者指定兼职救援人员、签订救援服务协议），配齐必需的人员、装备、物资，加强教育培训和业务训练，确保救援人员具备必要的专业知识、救援技能、防护技能、身体素质和心理素质。

本要素包括队伍设置、能力要求、队伍管理、对外公布与调动四个项目。

【条文解读】 >>>>>

（一）应急队伍设置

应急救援队伍是应急体系的重要组成部分，是防范和应对突发事件的重要力量。危险化学品企业应急救援队伍常年驻守企业，熟悉企业的生产工艺、危险化学品种类、数量等情况，发生灾害事故后可第一时间到场参加救援，在灾害事故应急救援中具有重要作用。加强应急救援队伍建设是强化安全生产的具体体现，危险化学品企业要严格依照相关法律法规制度，建设一支专业化、规范化的应急救援队伍，确保关键时刻拉得出、用得上、靠得住、打得赢。

1. 危险化学品企业队伍设置要求

按照《中华人民共和国安全生产法》第七十九条、《中华人民共和国消防法》第三十九条及《生产安全事故应急条例》（国务院令第708号）第十条规定，易燃易爆物品、危险化学品等危险物品的生产、经营、储存、运输单位，应当建立应急救援队伍，其中，小型企业或者微型企业等规模较小的生产经营单位，可以不建立应急救援队伍，但应当指定兼职的应急救援人员，并且与邻近的应急救援队伍签订应急救援协议。危险化学品企业应根据国家法律法规，结合工作实际，从组织机构、装备配备、管理制度等方面科学设置其应急救援队伍，优化队伍建设规划，全面提升应急救援专业能力。

2. 化工集中区联合建立应急救援队伍

根据《生产安全事故应急条例》（国务院令第708号）第十条规定，化工集中区可以联合建立应急救援队伍。化工集中区是指按照产业集聚、用地集约、布局集中、物流便捷、安全环保的原则，用以发展石油化工或精细化工产业的特定功能区域。化工集中区应根据本园区危险化学品事故的特点和规律，一体化整合应急资源，优化资源配置，构建一整套完整的应急救援队伍建设体系，形成统一指挥、调度有序、行动迅速的应急救援工作机制，真正做到快速反应、科学处置，最大程度地降低人员损伤和经济损失。

（二）应急队伍能力要求

根据《安全生产事故应急条例》第十一条规定，应急救援队伍的应急救援人员应当具备必要的专业知识、技能、身体素质和心理素质。锤炼过硬的应急队伍能力是科学、高效、安全、有序开展应急救援处置工作的根本保障。《国家安全监管总局关于加强矿山危险化学品应急救援骨干队伍建设的指导意见》（安监总应急〔2009〕126号）对危险化学品应急救援骨干队伍建设提出要求：骨干队伍应努力提升各级指战员素质，逐步达到以下标准：队长及技术负责人具有大专以上学历或中级以上职称，从事相关救援工作5年以上，年龄在55岁以下；中队指挥员及技术人员具有中专以上学历或初级以上职称，从事相关救援工作3年以上，年龄在45岁以下；救援队员具备高中（中技）以上学历，年龄在40岁以下。各级指战员要经过具有相应资质的应急救援培训机构培训，并取得合格证。骨干队伍领导机构成员、技术骨干身体较好者可根据实际情况适当放宽年龄要求。《危险化学品应急救援管理人员培训及考核要求》（AQ/T 3043—2013）对危险化学品企业应急救援管理人员实践能力要求如下：按照安全生产事故应急预案的要求，针对实际生产、储存和运输过程危险化学品事故应急救援案例，结合理论课所掌握的知识，采取多种演练方法，如模拟实战演练，提高学员的应急救援指挥、协调能力和事故应急处置能力。可见，国家不仅要求有关危险化学品企业建立应急救援队伍，而且对应急救援队伍建设目标、建设标准、建设要求、救援人员、救援指挥员的能力素质要求都很高。危险化学品企业建立应急救援队伍能力主要包括以下几方面：

1. 专业知识要求

根据《危险化学品应急救援管理人员培训及考核要求》（AQ/T 3043—2013）、《国家安全监管总局关于加强矿山危险化学品应急救援骨干队伍建设的指导意见》，应急救援队伍所有人员应掌握危险化学品事故应急救援相关知识和理论。因岗位不同、职责不同，救援队员和管理指挥人员所需掌握专业知识有所区别，分别如下：

（1）救援队员知识

救援队员应具备高中（中技）以上学历，年龄在40岁以下，由于学历要求不是特别严格，要求其应具备以下知识。

相关法律法规。救援队员应了解我国应急管理相关法律法规、危险化学品应急管理政策措施和法律法规，明确应急救援行动的法律法规依据和政策规定。

危险化学品基础知识。包括危险化学品的基本概念、生产特点、危害和控制，危险化学品分类和标志，危险化学品的危险特性及其事故类型，燃烧与爆炸基础知识。

危险化学品事故应急处置知识。包括危险化学品事故应急处置原则、应急处置程序、应急处置基本方法和关键技术等。

危险化学品应急救援装备及救护技术。包括危险化学品防护及救护基本知识、应急救援现场抢救与急救技术、应急救援个体防护装备、应急救援车辆、侦检装备、堵漏装备、输转装备、通信装备、照明装备、洗消装备、灭火装备及灭火剂、排烟装备等。

（2）管理指挥人员知识

应急管理理论。主要包括我国应急管理体系的主要内容、我国安全生产应急管理工作重点、我国危险化学品应急管理政策措施和法律法规、我国应急管理相关法律法规。

危险化学品事故应急救援指挥理论。主要包括危险化学品事故应急救援预案编制、应急救援演练、应急救援战评、应急救援战勤保障等基本理论。管理人员还应掌握危险化学品事故应急救援指挥原则和形式、指挥程序和方法。

2. 技能要求

各级指战员要经过具有相应资质的应急救援培训机构培训，并取得合格证。因岗位不同、职责不同，救援队员和管理指挥人员所需掌握的技能要求有所区别，分别如下：

（1）救援队员技能

危险化学品事故应急救援队员应具备以下技能：

熟练操作、维护保养各类装备器材。熟练穿戴个人防护装备，如穿戴灭火防护服、化学防护服，佩戴空气呼吸器等，能够根据灾情做好等级防护；使用侦检器材开展侦察检测；使用堵漏器材封堵泄漏；使用输转器材输转泄漏危险化学品；使用灭火器材扑灭火灾；使用通信装备展开通信；使用洗消装备对人员、车辆与装备洗消；使用照明器材。同时，还应掌握各类器材的维护保养方法，时刻保持装备器材有效可用。

现场抢救与急救。救援队员应能识别危险化学品事故中人员受伤的类型，掌握冲洗、包扎、复位、固定、搬运及心肺复苏、中毒急救、烧烫伤救护等医疗救护技能。

（2）管理指挥人员技能

管理指挥人员应具备以下技能：

熟悉各类装备器材。管理指挥人员同样需要掌握个体防护、侦检、堵漏、洗消、输转、通信、照明等各类器材的基本使用方法。

组织指挥危险化学品事故应急救援。能够组织指挥应急救援队伍开展侦察检测、灾情评估和相关应急处置工作。

组织开展危险化学品事故应急救援预案编制与实战演练。应根据企业实际情况，编制危险化学品事故应急救援预案，组织所属队伍开展危险化学品事故应急救援实战演练。

了解企业主要生产工艺，并能结合生产工艺措施实施救援等。

3. 身体素质要求

身体健康，具备良好的力量、速度、耐力、灵敏度和柔韧性等身体素质，能适应在复杂、多变和危险的环境中进行应急救援的需要，以最短的时间、最快的速度去完成任务；能适应长时间灭火救援和大负荷量的救人、抢救物资的需要。

具备良好的适应自然环境的能力，能在严寒、酷暑以及风、雨、雪等气候条件下进行灭火战斗，避免个人伤害。

4. 心理素质要求

心理素质是人的整体素质的重要组成部分。危险化学品应急救援队伍成员常常承受繁重的训练和危险的应急救援任务，这将给应急救援人员带来沉重的心理负担，因此，只有具备健康的心理才能健康地工作和生活。危险化学品应急救援队伍心理素质要求如下。

（1）高度的自制力

自制力是指一个人控制和调节自己思想感情、举止行为的能力。应急救援人员需要高度的自制力，应急救援任务不同于其他任务，它的高危性、高难度都需要应急救援人员善于控制自己的感情，调节和支配自己的行动，保持充沛精力去克服困难，摆脱逆境，争取成功；同时还要能够忍受机体的疲劳、疾病和创伤，有较强的忍耐力，自觉遵守纪律，执行决定。应急救援人员如果缺乏自制力，就会在工作中表现出任意性，不能控制自己的情绪和言谈举止，不顾实际情况的需要和原定的计划，意气用事，不顾后果地采取行动，这不仅会极大地干扰自己的工作，还会给其他应急救援人员带来不利影响，给现实工作带来被动局面，极有可能对生命和财产造成极大的损失。

（2）准确的判断力

判断力是区分工作对象本质和确定采取何种行动的前提和基础。在履行应急救援工作时，没有准确的判断力，便无法做好工作。同时，判断力也是应急救援人员独立工作能力的基本要求，一个人没有良好的判断力便无法独立开展工作。在现实工作中，准确的判断力是高效完成任务的保障，特别是在应急救援这个特殊的职业中，具备准确的判断力，是应急救援人员准确搜集线索，及时作出精确判断、捕

169

捉战机、迅速开展工作的关键因素。因此，准确的判断力，是应急救援人员必须具备的心理因素。

（3）高度的责任感

责任感，是应急救援人员为完成使命，不惜付出牺牲，自觉履行应急救援人员职责的根本体现。应急救援人员承担的多是高风险的灾害事故处置任务，如灭火救援，大型化工火场的复杂性、突发性和不确定性使得应急救援更加艰难，面对危险，应急救援人员不仅要承受巨大的心理压力，还要冒着生命的危险，没有高度的使命感和责任感，难以担负艰巨的任务的。

（4）快速的反应力

反应力是感觉器官反应灵敏机能健康，对刺激信号反应快慢的概括。应急救援人员快速的反应力，表现为对刺激因素判断正确，准确地发现刺激源，查找到刺激物，快速有效地作出判断，并分析出其中的重要因素，采取相应措施进行处理，最终取得良好的行动效果。例如，在侦察中应急救援人员能快速准确地感知危化品的刺激信号，综合分析，得出判断，马上采取有效措施，不仅能迅速有效地开展相关工作，而且能帮助应急救援人员作出正确的反应保证自身安全，最终顺利完成任务。因此，消防员应具备高于常规水准的快速反应力。

（三）应急队伍培训与技战训练

1. 人员培训

应急救援队伍应当按照《危险化学品应急救援管理人员培训及考核要求》等有关规定对应急救援人员进行培训，包括基础知识、实践能力等方面的日常培训、复训。应急救援人员经培训合格后，才能参加应急救援工作，确保其熟练掌握本企业有关事故应急处置程序、方法和自救互救专业技能，避免盲目指挥、盲目施救。

2. 装备使用和战术训练

应急救援队伍应当配备必要的应急救援装备和物资，并结合企业灾害事故风险情况，定期、不定期组织体能训练、应急技战术训练，提高队伍的应急救援能力。

正确认识装备使用和战术训练的目的意义，自觉刻苦学习和掌握各种装备器材的使用管理和维修保养等业务技术，加强战术训练，并在实践中加以应用，把完成训练任务变为个人的自觉行动。

从实际出发，根据应急救援人员的实际情况，因人而异、因地制宜地组织开展战术训练，做到训练更具有目的性、针对性和实效性。

在训练中要遵循由易到难、由简到繁、由浅入深、由小到大、由低级到高级、不断提高的顺序，按照提高—适用—再提高的节奏循序渐进安排训练内容。

充分应用示范以及生动形象的语言等直观手段，建立清晰、完整的动作表象和概念，使应急救援人员更快理解和掌握动作要领。

坚持经常性训练，技术、战术训练必须持之以恒，反复训练才能达到巩固和提高。

要重视特殊时段的训练和复杂环境气候条件下的训练，如夜间、雷雨、大风、雪、高温、有毒条件下的训练。

（四）对外公布与调动

根据《生产安全事故应急条例》（国务院令第 708 号）第十二条、第十九条规定，危险化学品企业应当及时将本单位应急救援队伍建立情况按照国家有关规定报送县级以上人民政府负有安全生产监督管理职责的部门，并依法向社会公布。县级以上人民政府负有安全生产监督管理职责的部门应当定期将本行业、本领域的应急救援队伍建立情况报送本级人民政府，并依法向社会公布。同时，应急救援队伍接到有关人民政府及其部门的救援命令或者签有应急救援协议的生产经营单位的救援请求后，应当立即参加生产安全事故应急救援。

要素 12：应急处置与救援。应急处置与救援是事故发生后的首要任务，包括企业自救、外部助救两个方面。危险化学品企业要建立统一领导的指挥协调机制，精心组织，严格程序，措施正确，科学施救，做到迅速、有力、有序、有效。要坚持救早救小，关口前移，着力抓好岗位紧急处置，避免人员伤亡、事故扩大升级。要加强教育培训，杜绝盲目施救、冒险处置等蛮干行为。

本要素包括应急指挥与救援组织、应急救援基本原则、响应分级、总体响应程序、岗位应急程序、现场应急措施、重点监控危险化学品应急处置、配合政府应急处置八个项目。

【条文解读】 >>>>>

应急处置与救援是应急响应最直接、最关键的行动环节。在该环节中，首先是事故岗位工人的应急处置，其次，是事故岗位工人不能独立处置完成（或者在其采取处置行动的同时）情况下的外部救援。外部救援力量包括两类，一是事发点岗位以外的班组、车间等自救力量，二是前来支援的助救力量。企业自救是事故应急处置的核心，当事故扩大升级时，外部助救便不可或缺。

应急救援，必须牢固树立"以人为本，科学救援"理念，针对危险化学品事故救援特点，依据危险化学品火灾、爆炸、泄漏等事故发生机理，做到指挥有力，方案科学，行动有序，措施有效，把握应急处置和救援行动的主动权。

（一）危险化学品事故应急救援要点

危险化学品事故应急救援要把握以下 5 个要点：

争分夺秒，救早救小。危险化学品事故种类多，事故发展快，现场复杂，早一秒行动，多一分主动，会事半功倍，把事故控消于初起；晚一秒行动，多一分被动，会事倍功半，让小事恶变成大灾。

全面考虑，系统应对。火灾、爆炸、泄漏、中毒等多种事故常常并发，次生、衍生事故多，因此救援难度大，必须全面考虑，制定科学周密的救援方案。

及早警戒，撤离人员。火灾、爆炸、泄漏事故后果严重，影响范围大，容易造成群死群伤和生态破坏，必须及早划定警戒区域，撤离受威胁人员，做好泄漏液体、固体的收集处理，防控生态破坏。

动态监测，随机应变。危险化学品及其生产工艺固有危险有害因素多，救援过程还会有新的危险有害因素产生，对救援人员生命安全造成严重威胁，必须严格危险有害因素监测，加强风险辨识评估，采取有效的风险防控措施，在确保救援人员安全的前提下，方可开展救援行动。

结合工艺，专家支持。危险化学品事故处置难度大，技术要求高，必须根据物料、工艺特性采取正确的处置技术，选择适用的装备、物资，寻求专家进行技术支持，杜绝盲目施救，冒险蛮干。

（二）危险化学品事故应急救援难点

危险化学品事故应急救援具有以下 5 个难点：

现场情况摸清难。事故初期，易因事故物料不明、物料特性不清等因素，造成盲目施救、简单施救，甚至错误施救。

救援方案制定难。救援人员如果缺乏危险化学品事故救援专业知识、技能和经验，难以制定、实施正确高效的救援方案。

结合工艺救援难。救援人员如果不了解基本的化工工艺知识，难以主动与工艺操作人员协调施救，造成治标不治本，大大降低救援效率。

物资装备保障难。事故若不能得到及时控制，容易随着事故的恶化升级，导致应急装备的增援、物资的补给出现断档，造成救援行动的中断。

废液集中收纳难。泄漏的危险化学品、消防废水收集困难、事故池容量不足，对水体、土壤造成污染，破坏生态环境。

（三）应急指挥与救援组织

一切行动听指挥，协调一致得胜利。应急指挥是救援行动的龙头。科学有力的指挥，是提高救援成效的关键。

1. 指挥机构

对于厂（公司）级可以设指挥部，对于车间、班组可以设指挥领导小组。指挥机构具有承担统一指挥救援行动和对外请求支援等职能。

2. 应急响应小组

应急响应小组在指挥机构的统一领导下，明确分工，统一协作，组织开展救援。一般有以下分组：

现场处置组。由安全、生产等部门人员组成，主要负责组织专兼职救援队伍、人员进行现场紧急处置。

技术组。由生产、设备等部门技术人员组成，主要负责处置方案的技术支持。

保障组。由办公室、物资供应、财务等部门人员组成，主要负责救援装备、物资、人力、后勤生活等方面的补给保障。

专家组。由厂内外的高级专业技术人员组成，在处理复杂情况时，提供方案支持。

宣传组。由政工、宣传、教育等部门人员组成，主要负责对外信息发布和舆情监测。

总结评估组。主要由应急部门组织有关单位人员组成，根据需要聘请相关专家参与，对事故救援进行总结与评估。

（四）危险化学品事故应急救援基本原则

1. 以人为本、防止灾害扩大

要在保障施救人员安全的前提下，迅速抢救受困人员的生命，疏散可能受威胁的周边群众，控制危险化学品事故现场，防止灾害扩大。发现危及人身生命安全的紧急情况，现场指挥人员应迅速发出紧急撤离信号。维护现场救援秩序，防止引发车辆碰撞、车辆伤害、物体打击、高处坠落等次生事故。

2. 统一领导、科学决策

由指挥部统一指挥，充分保证各项指令的严肃性、权威性和执行力。指挥决策要以预案为基础，针对事故现场实际，遵循事故发生机理和演变规律，充分听取技术人员、专家等意见，理论结合实际，科学决策。当发生重特大事故，政府成立总指挥部时，应成立现场指挥部，总指挥部全面领导应急救援，重点是外部资源协调，现场指挥部负责现场具体处置，重大决策由总指挥部决定。

3. 信息畅通、协同应对

指挥部与各响应小组、救援队伍等参战各方，要实时互通信息，提高救援效率。在事故单位开展自救的同时，外部救援力量根据事故单位的请求参与救援。

4. 保护环境，减少污染

在事故处置中应加强对环境的保护，控制事故范围，防止、减轻污水废液外排、物质泄漏，减少对人员、大气、土壤、水体的污染。

5. 保护现场，保全证据

在救援过程中，有关单位和人员应妥善保护事故现场以及相关证据，便于事故调查、救援总结评估。任何人不得以救援为借口，故意破坏事故现场、毁灭相关证据。

（五）应急响应分级

针对事故危害程度、影响范围和危险化学品企业控制事态的能力等内容，对事故应急响应进行分级，明确分级响应的基本程序和内容。

1. 应急响应分级指标

应急响应分级指标一般有以下 3 类：

将事故伤亡人数、财产损失、社会影响等描述危害程度的内容作为分级指标。譬如：造成或预计可能造成的死亡人数、重伤人数，明确的涉险人数等。

将事故影响范围作为分级指标，如按照事故影响局限在班组、车间或厂（公司），可相应设为班组级响应、车间级响应、厂（公司）级响应。

将重大庆祝活动、春节、党政要地等敏感时段、敏感区域作为分级指标。

2. 应急响应分级

应急响应层级数量没有统一要求。宜根据企业安全风险特点和管理层级灵活制定，既不要分得过粗，也不能分得过细。一般情况下，班组不分级，直接进行处置；车间宜分二级；厂（公司）宜分三级；集团公司宜分三级或四级。

（六）总体响应程序

事故发生后，立刻了解主要事故信息，对照事故响应级别指标启动相应级别的响应。应急指挥部率先运行，应急小组迅速到位，并立即按照预案确定的应急处置与救援基本程序，开展警戒、疏散、资源调集、现场处置、战后洗消等一系列救援行动。

在应急处置与救援过程中，指挥部加强动态监测，及时了解事故发展态势与救援进展情况，当出现事故恶化升级或救援能力不足的情形时，立即提高响应等级，对照事故响应指标启动相应级别的响应等级。

当事故信息与事故分级响应指标不能准确对应时，按照就高不就低的原则，启动较高等级的响应，宁可救援力量有余，不可救援力量不足。

（七）应急处置与救援一般程序

1. 应急响应

事故单位接到事故信息，应立即对照响应级别指标，启动相应级别的应急响应。指挥部、技术组、保障组、宣传组等各既定救援组织启动运行，指挥部统一指挥行动。

2. 了解情况

指挥部应及时了解事故现场情况，主要了解下列内容：

遇险人员伤亡、失踪、被困情况。危险化学品危险特性、数量、应急处置方法等信息。

周边建筑、居民、地形、电源、火源等情况。

事故可能导致的后果及对周围区域的可能影响范围和危害程度。

应急救援设备、物资、器材、队伍等应急力量情况。

有关装置、设备、设施损毁情况。

3. 警戒隔离

根据现场危险化学品自身及燃烧产物的毒害性、扩散趋势、火焰热辐射和爆炸、泄漏所涉及的范围等相关内容，对危险区域进行评估，确定警戒隔离区，根据事故发展、应急处置和动态监测情况，适当调整。

4. 人员防护与救护

人员防护与救护主要包括三方面内容：

应急救援人员防护。现场应急救援人员应针对不同的危险特性，采取相应安全防护措施后，方可进入现场救援。现场安全监测人员若遇直接危及应急人员生命安全的紧急情况，应立即报告救援队伍负责人和现场指挥部，救援队伍负责人、现场指挥部应当迅速作出撤离决定。

遇险人员救护。应迅速将遇险受困人员转移到安全区，进行现场急救和登记后，交专业医疗卫生机构处置。

公众安全防护。根据事故情形及时向政府提出人员疏散请求，并根据危险化学品的危害特性，指导疏散人员就地取材（如毛巾、湿布、口罩），采取简易有效的措施进行保护。

5. 现场处置

根据不同的事故介质、装置、设施和火灾、爆炸、泄漏等不同的事故类型，研究制定科学的处置方案，并有序实施。应加强现场管理，建立良好的交通秩序，进出车辆必须统一指挥，按照规定路线及方向行驶、停驻，保证进出通畅，杜绝易进难退的梗阻现象。

6. 现场监测

对可燃、有毒有害危险化学品的浓度、扩散，风向、风力、气温，装置、设施、建（构）筑物受损等情况进行动态监测，及时调整救援行动方案。

7. 洗消

在危险区与安全区交界处设立洗消站，使用相应的洗消药剂，对所有染毒人员及工具、装备进行洗消。

8. 现场清理

彻底清除事故现场各处残留的有毒有害气体。对泄漏液体、固体应统一收集处理。对污染地面进行彻底清洗，确保不留残液。

9. 信息发布

事故信息由指挥部统一对外发布，并应及时、准确、客观、全面的回应社会舆论关切。

10. 救援结束

事故现场处置完毕，遇险人员全部救出，可能导致次生、衍生灾害的隐患得到彻底消除或控制，由指挥部发布救援行动结束指令。清点救援人员、车辆及器材。解除警戒，指挥部解散，救援人员返回驻地。

11. 总结评估

事故单位应对事故基本信息，以及先期处置、事故信息接报、应急预案实施、组织指挥、现场救援方案制定及执行等有关救援资料进行收集、整理，总结救援成效、经验和教训。与此同时，对风险评估、应急资源调查、应急预案、应急救援队伍、人员及装备、物资储备、资金保障等各项应急准备与实施情况进行评估。及时改正问题，完善不足。

（八）常见危险化学品事故现场应急处置要点

1. 火灾爆炸事故应急处置

穿戴好个体防护用品。应急处理人员按要求佩戴正压自给式空气呼吸器、防毒面具等呼吸防护器材，穿好防静电服、全身防化服、避火服等特殊防护服。在剧毒气体、大火及可能爆炸的环境下，应尽可能在掩蔽处操作灭火。

扑灭现场明火应坚持先控制后扑灭的原则。依危险化学品性质、火灾大小采用冷却、堵截、突破、夹攻、合击、分割、围歼、破拆、封堵、排烟等战术、方法进行控制与灭火。

根据危险化学品特性，正确选用水、泡沫、干粉、二氧化碳、砂土等灭火剂。特别注意，水不是通用的灭火剂。如环氧丙烷，用水灭火无效；三氯化磷遇水猛烈分解，产生大量的热和浓烟，在潮湿空气存在下对很多金属有腐蚀性，也不能用水灭火。禁止用水、泡沫等含水灭火剂扑救遇湿易燃物品、自燃物品火灾；禁用直流水冲击扑灭粉末状、易沸溅危险化学品火灾；禁用砂土盖压扑灭爆炸品火灾。宜使用低压水流或雾状水扑灭腐蚀品火灾，避免腐蚀品溅出。

对甲烷、天然气等液态轻烃及氨气、氢气、硫化氢、氰化氢等易燃、易爆、剧毒气体，若不能切断气源，禁止扑灭泄漏处的火焰。

有关生产部门监控装置工艺变化情况，做好应急状态下生产方案的调整和相关装置的生产平衡，优先保证应急救援所需的水、电、燃气、交通运输车辆和工程机械。

根据现场情况和预案要求，及时决定有关设备、装置、单元或系统紧急停车，避免事故扩大。

原油、成品油储罐火灾，若产生沸溢、爆炸均会造成事故的剧烈恶化，应仔细观察沸溢、爆炸前兆特征，及时采取应对措施。沸溢前兆，主要表现为火焰增高、增亮，烟色由浓变淡，罐体出现颤动；爆炸前兆，主要表现为火焰变得明亮，烟雾较少或无烟，罐体出现抖动，罐顶出现嘶嘶声。发现这些征兆，应及时撤离现场人员、装备。

持续做好冷却保护工作。火势熄灭后，继续对着火装置、设施等进行冷却降温，防止复燃。对相邻装置、储罐直至降到正常温度后方可结束冷却，彻底消除火灾风险。

火场中的容器若已变色或安全泄压装置中产生尖锐喷射声音，是爆炸前兆，必须马上撤离。喷水冷却容器，尽可能将容器从火场移至空旷处。

2. 泄漏事故处置

泄漏事故处置，主要分3个步骤。第一，消除点火源，做好人员防护；第二，采取措施切断泄漏源，消除泄漏；第三，采取稀释、收集、转输等措施处置泄漏物。

消除点火源。泄漏发生时，应立即消除所有点火源（泄漏区附近禁止吸烟，消除所有明火、火花或火焰）。作业时所有设备应接地。

穿戴好个体防护用品。应急处理人员按要求佩戴正压自给式空气呼吸器、防毒面具等呼吸防护器材，穿好防静电服、全身防化服等防护服装，戴好耐酸碱、耐高温、耐低温等防护性能的手套。

撤离与隔离。无关人员从侧风、上风向撤离至安全区。泄漏隔离距离对于液体，一般至少为100 m，固体至少为25 m。如果为大量泄漏，下风向的初始疏散距离在隔离距离基础上进一步加大。白天较之晚上，要加大疏散距离。

切断泄漏源。生产装置发生泄漏，事故单位应根据生产和事故情况，采取停车、局部打循环、改走副线、关阀等措施消除或减弱泄漏量，防止事故扩大。储存设施、容器等发生泄漏，应根据事故情况，采取关阀、转料、套装、堵漏、注水等消除泄漏措施。

对气体泄漏物可采取喷雾状水、释放惰性气体等措施稀释、溶解，降低泄漏物的浓度或燃爆危害。喷水稀释时，应筑堤收容产生的废水，防止水体污染。如有可能，将残余气或漏出气用排风机送至废气处置工艺系统（如通风橱内）安全处置。

禁止接触或跨越泄漏物。对液化气体，用喷雾状水抑制蒸气或改变蒸气云流向，避免水流接触泄漏物。禁止用水直接冲击泄漏物或泄漏源。防止气体通过下水道、通风系统和密闭性空间扩散。

应注意避免皮肤直接接触，防止冻伤。如果皮肤接触发生冻伤，将患部浸泡于保持在 38～42 ℃的温水中复温，不要涂擦，不要使用热水或辐射热。使用清洁、干燥的敷料包扎。

对少量液体泄漏，用干燥的砂土或其他不燃材料吸收或覆盖，收集于容器中；对大量液体泄漏，构筑围堤或挖坑收容，用防爆泵、耐腐蚀泵等专用输转泵转移至槽车或专用收集器内。若液体具有挥发及可燃性，可用适当的泡沫进行覆盖，减少蒸发。

根据情况翻转容器，使之逸出气体而非液体。如果水溶性气体钢瓶发生泄漏，无法封堵时可将其浸入水中。

根据需要，用相应的化学品进行中和，消除危害。如对氨泄漏，用醋酸或其他稀酸中和；对光气高浓度泄漏区，喷氨水或其他稀碱液中和；对氢氟酸，用农用石灰（CaO）、熟石灰 $[Ca(OH)_2]$、碎石灰石（$CaCO_3$）或碳酸氢钠（$NaHCO_3$）中和。

3. 中毒窒息事故处置

立即将染毒者转移至上风向或侧上风向空气无污染区域，保持呼吸道通畅，进行紧急救治。

对皮肤接触者，脱去污染的衣着，根据毒品特性，选用流动清水、肥皂水或5%硫代硫酸钠溶液等不同液体进行长时间冲洗，一般冲洗至少 20 min。

对眼睛接触，提起眼睑，用流动清水或生理盐水冲洗，一般冲洗至少 15 min。

如呼吸困难，立即输氧。如心跳停止，立即进行人工呼吸和胸外心脏按压术。特别注意，对丙烯腈、氰化氢、氰化钠等剧毒品中毒，勿用口对口人工呼吸。

紧急服用针对性药物。如对丙烯腈中毒，给吸入亚硝酸异戊酯；对碳酰氯（光气）中毒，给吸入 β_2 激动剂、口服或注射皮质类固醇治疗支气管痉挛。

送医治疗。经现场紧急救治，伤势严重者立即送医院观察治疗。

（九）积极配合政府应急救援行动

重特大事故救援，政府统一领导是关键，而社会各方面支持配合是基础。要树立应急救援一盘棋思想，建立统一领导、多方合作、分工负责的协作机制，只有建立高效运作、协同联动的指挥协作机制，才能切实提高救援行动的效率。事故单位是应急救援行动的第一责任人，积极配合政府开展应急救援行动是义不容辞的责任和义务，也是提高应急救援行动成效的最直接、最有力的保障。因此，危险化学品企业必须全程、积极配合政府应急救援行动。企业配合政府应急救援行动，包括自主配合与受令配合两个阶段。

1. 自主配合

及时处置事故。发生事故，要不等不靠，争分夺秒处置，控制事故发展，组织人员抢救，减少人员伤亡和财产损失。

及时上报事故。发生事故，在紧急处置的同时，立即上报事故信息，为政府第一时间启动应急响应争取主动。不得隐瞒不报、谎报或者拖延不报。

主动上报重大风险。对于企业储存的剧毒品、爆炸品、人员密集场所等重大风险要及时上报政府指挥部，及时化解重大安全风险。

积极提供救援措施建议。在事故救援过程中，充分利用熟悉本企业地形、装置设施布局、工艺流程、危险物质特性等优势，为政府指挥决策提供措施建议。

2. 受令配合

企业要顾全大局，坚决服从、配合有关政府的决定、命令以及采取的应急处置措施，积极组织人力、物力、财力，全力以赴，参与处置。

要素 13：应急准备恢复。 事故发生，打破了企业原有的生产秩序和应急准备常态。危险化学品企业应在事故救援结束后，开展应急资源消耗评估，及时进行维修、更新、补充，恢复到应急准备常态。

本要素包括事后风险评估、应急准备恢复、应急处置评估三个项目。

【条文解读】 >>>>>

本条是关于危险化学品企业事故应急处置与救援结束后开展应急准备恢复方面的要求。

事故的发生打乱了企业原有的生产秩序和应急准备常态。在应急处置与救援结束后，应急管理从响应阶段过渡为恢复阶段。建立一套科学有效的应急准备恢复工作流程，评估现场风险，对消耗、损坏的应急资源及时进行补充、维护，恢复到与风险管控相匹配的应急处置能力。同时，对应急处置过程中发现和暴露出的问题进行总结评估，加以改进，进一步提高应急准备的充分性，对于提高企业事故应急保障能力具有重要意义。

(一) 做好事后风险评估

应急处置和救援结束后，危险化学品企业要在专业安全生产应急救援队伍支持下，对事故现场、周边及企业整体环境开展安全检查，做好事后风险评估。

1. 排查消除事故隐患

消除事故现场残留的危险物品，转移受损的装备、设备及原材料和产品，排查、消除事故隐患。恢复基本的道路、供电、供水和应急救援设备设施，降低事故现场及周边安全风险。

2. 排查消除次生、衍生事故风险

对现场及周边受损构筑物等开展拆除清理，拆除现场可能引发次生、衍生灾害的装置、设备、厂房等。清空事故现场及排水暗渠、雨污水井内残存事故废水，防止进入市政管网造成污染事件。严格管控危险化学品企业周边人员，避免无关人员进入事故现场及周边区域造成伤害。

3. 现场风险评估

对现场存在的风险进行评估，确定是否继续响应及相应的措施。

（二）应急准备恢复

事故应急救援过程中，危险化学品企业储存的应急装备、物资等会产生消耗。因此，在事故救援结束后，危险化学品企业要立即统计应急装备、物资等资源消耗情况，尽快进行补充，始终保持应急装备、物资处于良好状态，确保应急准备有力。

1. 摸清消耗具体情况

由于应急救援的特殊情况，救援结束后现场秩序较乱，要仔细核实装备、物资使用和消耗情况，特别是投放救援现场但未使用的情况，及时开展应急资源消耗评估，维修在救援过程中损坏的装备，整理统计装备、物资消耗清单。

2. 尽快补充救援装备、物资

厘清需补充的救援装备、物资清单，这其中既包括事故救援消耗的，也包括应对未来事故需要额外更新、补充采购的，配备标准可参照《危险化学品单位应急救援物资配备要求》（GB 30077—2013）等相关规定，尽快完成采购补充。

3. 做好救援装备、物资日常维护

认真做好救援装备、物资的维护、保养，确保始终处于良好状态。要根据装备、物资属性不同，采取实物储备、能力储备等多种形式，储备能够满足重大生产安全事故需求的应急救援装备、物资并使其始终处于准备状态，能够随时投入应急处置和抢险工作。

（三）应急处置评估

应急处置评估是应急管理工作的一个重要环节，是持续改进和完善应急准备、应急救援工作有效手段。在应急处置和救援结束后，及时开展应急处置评估，客观评价和估量事故企业和事发地人民政府应急救援工作情况，总结分析应急救援经验和教训，对评估发现的不足和问题及时改进，从而进一步提高事故应急准备能力。在实际工作中，有些单位和个人错误地认为评估是为了追究责任，有抵触、有隐瞒，评估效果会打折扣，不能达到评估真正的目的。一般情况下，应急处置评估由事故调查组或事发地人民政府应急管理部门负责，危险化学品企业要积极配合上述单位做好应急处置评估工作。同时，危险化学品企业要及时自行进行应急处置评估。

1. 搜集评估所需材料

危险化学品企业要按照《生产安全事故应急处置评估暂行办法》（安监总厅应急〔2014〕95号）要求，及时搜集相关材料，主要包括信息接收、流转、报送情况，先期处置情况，应急预案实施情况，组织指挥情况，现场救援方案制定及执行情况，现场应急救援队伍工作情况，现场管理和信息发布情况，应急资源保障情况，次生、衍生事故或者灾害防范情况，救援成效、经验和教训，相关建议等。

2. 用好评估结论

应急评估组提出评估结论或完成应急评估报告后，危险化学品企业要认真研究、仔细讨论、细化落实有关工作措施，针对结论中肯定的工作继续保持，发扬光大；对于结论中指出的问题，根据实际情况，采取有效措施，尽快改进完善、落实到位，让应急处置评估真正成为吸取教训、总结经验、推动工作的有力抓手。

要素 14：经费保障。经费保障是做好应急准备工作的重要前提条件。危险化学品企业要重视并加强事前投入，保障并落实监测预警、教育培训、物资装备、预案管理、应急演练等各环节所需的资金预算。

要依法对外部救援队伍参与救援所耗费用予以偿还。

本要素包括应急资金预算、救援费用承担两个项目。

【条文解读】>>>>>

本条是关于危险化学品企业用于应急准备经费和应急救援队伍参与救援经费方面的要求。

经费保障是做好应急准备工作的重要前提条件。2005 年以来，国家相继制定修订了与应急管理有关的经济政策，主要涉及高危行业安全生产费用提取、安全生产专用设备抵免所得税、高危行业投保安全生产责任保险等，这些政策都有与应急管理有关的内容，为危险化学品企业筹集应急资金提供了政策支持。

（一）应急资金的筹集与使用

2012 年，财政部牵头修订发布了《企业安全生产费用提取和使用管理办法》，建立了企业安全生产投入长效机制。危险化学品企业风险高，安全措施多，应急难度大，必须足额提取安全费用，确保应急投入到位。

1. 应急资金预算

危险化学品企业在年度预算中应包含应急教育、培训、演练，应急装备与设施检测、维护、更新，应急物资、器材采购等有关资金预算，特别是用好安全生产专用设备企业所得税优惠政策，在购置使用专用设备的同时降低企业经济负担，提升资金使用水平和效率。

2. 科学制定应急资金使用计划

企业应急资金使用计划应包括应急准备项目资金详细计划，聚焦风险评估、预案管理，监测与预警、设备设施、救援队伍建设等应急准备重点内容，突出应急资金使用重点。要根据计划情况制定资金使用进度安排，确保资金按需投入并投入到位。

（二）做好救援费用承担

危险化学品生产安全事故不同于一般的自然灾害，也不同于其他生产安全事故，对救援的专业性要求很高、时效性要求很强。跨地区调集专业危险化学品应急救援队伍参与应急处置，是有力有效科学处置危险化学品事故的重要举措，也是解决区域专业队伍力量不足、布局不合理的有效途径。应急救援队伍参加事故救援会发生车辆、救援装备、救援物资等损耗及人工成本，如果这些费用得不到及时补偿，势必会影响救援队伍能力恢复和再生，给队伍和依托企业带来经济压力，挫伤救援队伍参加救援的积极性，制约了应急救援力量的健康发展。

近年来，国家从法律法规层面不断完善对外部救援队伍参与救援的补偿机制。《生产安全事故应急条例》（国务院令第 708 号）规定，应急救援队伍根据救援命令参加生产安全事故应急救援所耗费用，由事故责任单位承担；事故责任单位无力承担的，由有关人民政府协调解决。

按照"谁受益、谁承担""谁调用、谁补偿"的原则，首先以事故单位承担为原则，救援是因事故单位引起的，应当由事故责任单位承担救援费用；其次是以政府协调解决最终补偿为原则，事故救援的社会性、公益性决定了当救援队伍承担政府指令完成救援任务，而事故单位无力承担事故救援费用时，政府应当建立财政最终补偿制度。考虑到事故救援的公益性，事故救援补偿以弥补事故救援成本为限，不能以营利为目的。

五、实 施 要 求

第五条 本指南依据现行相关法律法规制度细化明确了应急准备各要素所有项目的主要内容，详见附件《危险化学品企业生产安全事故应急准备工作表》。

（一）危险化学品企业生产安全事故应急准备包括但不限于附件所列要素及其项目、内容。附件所列要素及其项目、内容，是现行法律法规制度对危险化学品企业生产安全事故应急准备的最低要求。

（二）危险化学品企业要结合企业实际，在现有要素及其项目下丰富应急准备内容。可根据实际需要，合理增加应急准备要素并明确具体项目、内容。

（三）危险化学品企业应加强法律法规制度识别与转化，及时完善应急准备要素及其项目、内容和依据，保证生产安全事故应急准备持续符合现行法律法规制度要求。

危险化学品企业应结合实际，建立健全应急准备工作制度，对本指南所提各项应急准备在企业应急管理中的实现路径和方法进行固化，做到应急准备具体化、常态化。

【条文主旨】 >>>>>

本条是关于企业如何具体确定应急准备内容的规定，主要包括应急准备工作的最低要求、根据实际需要灵活增补应急准备内容以及用制度化推进应急准备规范化三方面内容。

【条文解读】 >>>>>

（一）危险化学品企业应急准备的最低要求

《危险化学品企业生产安全事故应急准备工作表》依据现行法律法规列出的相关条款是企业依法依规落实应急准备的底线。企业要及时识别和转化适用的法律法规，将适用的法规条款转化成应急准备工作的内容和考核指标，确保思想准备、预案准备、机制准备、资源准备动态调整，及时到位。

（二）满足实际需求是应急准备的根本准则

1. 应急准备必须涵盖识别的主要风险

应急准备，是以风险评估为基础，以预防和减少生产安全事故为目的，因此，要求企业应急准备绝不是套用《指南》搞形式主义。实际需求就是企业风险评估的结果，要求企业根据风险防控的需要，以风险防控和应急处置为目标，依据相应法规要求，结合企业实际，及时调整完善应急准备内容。

2. 应急装备物资配置应该满足实际需求

应急准备是否充分的一个显著特征就是应急装备物资配置是否满足实际需要。应急物资的配置是否满足实际需要又体现在配齐和配足两个方面。

配齐是指企业配置的应急救援装备和物资在种类上满足企业风险防控需求、应急预案和《危险化学品单位应急救援物资配备要求》（GB 30077—2013）的要求。

配足是指配置和储备的应急救援装备和物资在数量上满足应急救援组织、人员实际需求，满足有关规定明确的最小储备要求，满足最大可能风险的消防控制需要。

在同级预案中，不同预案所需同一应急物资的，按照不低于单项预案所需的最大量配备。

3. 应急预案（处置方案）应该符合实际具有可操作性

应急准备是否充分的另一个特征是应急预案（处置方案）是否有针对性和可操作性，符合实际。

针对性表现在应急处置与救援预案（处置方案）的措施和方式等是否与具体的风险结合。如油气泄漏着火应急预案（处置方案）

应该结合分析历史事故案例、结合分析的风险发生可能和方式，结合实际生产经验，针对可能发生泄漏着火风险的反应器、储罐、管线、压缩机、机泵等具体设备设施的具体易发生泄漏的部位制定应急处置的措施和方式。

可操作性主要体现在处置措施、方法、步骤简明扼要，工艺处置与实际流程切换方式一致，应急处置的措施和方法与配置的应急装备、物资和应急救援人员、岗位人员能力匹配。

（三）用制度化推进应急准备工作规范化

危险化学品企业应急准备工作繁多复杂、专业性强，而国家现行法律法规制度是通用性、指导性要求，不能完全在操作层面上得到直接应用，因为企业的性质、规模、管理架构各不相同。为了保证应急准备的规范化和持续改进，企业应根据《指南》的总体要求，结合企业实际，建立健全应急准备工作制度，对《指南》所提各项要求在本企业中的实现路径和方法进行固化，用制度化实现应急准备工作的具体化，常态化，并持续改进。

第六条　本指南是危险化学品企业依法开展应急准备工作的重要工具和安全生产应急管理培训的重要内容。危险化学品企业主要负责人要加强组织领导，制定全员培训计划，逐要素开展系统培训。

【条文主旨】 >>>>>

本条是要求危险化学品企业组织开展全员《指南》专题培训，让企业员工熟知《指南》内容，学会使用《指南》推动企业各项应急准备工作实施落地，提升全员应急意识和能力。

【条文解读】 >>>>>

（一）深刻理解全员《指南》专题培训的意义

国家安全生产法规规章对生产经营企业尤其是危险化学品生产经营企业应急培训工作提出了诸多具体要求。例如，《中共中央　国务院关于推进安全生产领域改革发展的意见》明确要求企业落实主体责任，建立企业全过程安全生产和职业健康管理制度，做到安全责任、管理、投入、培训和应急救援"五到位"。《中华人民共和国安全生产法》第十八条规定生产经营单位主要负责人具有组织制定并实施本单位安全生产教育和培训计划的重要职责。第二十五条规定生产经营单位应当对从业人员进行安全生产教育和培训，且未经安全生产教育和培训合格的从业人员，不得上岗作业。《危险化学品安全管理条例》第四条规定危险化学品单位应当对从业人员进行安全教育、法制教育和岗位技术培训。从业人员应当接受教育和培训，考核合格后上岗作业。企业组织开展全员《指南》专题培训是落实国家法规规章管理规定，实现企业合规管理的必然要求。

危险化学品企业生产工艺和设备设施蕴含诸多不安全因素，生产经营的物料普遍具有有毒有害、易燃易爆的危害特征，容易发生泄漏、火灾、爆炸和急性中毒等高危害生产安全事故，从而造成巨大生命财产损失。近年来我国危险化学品行业生产安全事故频发，是重特大事故最为集中的行业领域之一，而且从事故案例看，中、小型企业也经常发生恶性生产安全事故。危险化学品企业不仅要夯实"风险分级管控"和"隐患排查治理"双重预防机制，提升本质安全水平，还要大力加强全员应急意识和应急能力的提升，做到"救早救小"，将事故消灭在萌芽状态，保障企业安全发展。《指南》是专门针对危险化学品企业应急准备工作制定的政策文件，结构严谨、内容丰富，契合企业实际需求。危险化学品企业组织开展全员《指南》专题培训是企业加强安全风险防控，切实提升应急准备能力的内在需求。

《指南》根据危险化学品企业应急准备工作特点，涵盖企业应急准备工作各个环节，将国家法律、法规、部门规章、国家标准和行业标准的各方面的制度要求融于一体，架构设计科学，要素系统全面，要求简洁明了，是企业辨析应急管理问题、策划应急准备方案、组织应急准备工作、促进应急能力提升的重要指导性文件，适合企业推进体系化管理，便于组织实施。因此，危险化学品企业组织开展全员《指南》专题培训是提升全员应急意识，推进体系化应急管理的重要工具和有效手段。

（二）加强组织领导，做实《指南》专题培训计划

当前，危险化学品企业安全生产形势依然严峻，生产安全事故风险防控的任务仍然艰巨，应急管理部成立之后，进一步加强法制建设，法规、规章、制度、标准不断出台，这些政策法规要求都需要纳入企业培训计划，如果企业组织和策划不到位，容易让《指南》专题培训工作形式大于内容，不能充分发挥《指南》提升全员应急意识、统筹规范企业应急准备的作用。

《中华人民共和国安全生产法》明确规定生产经营单位的主要负责人负有组织制定并实施本单位安全生产教育和培训计划的重要职责，而且从实际操作层面看，企业主要负责人重视程度、组织力度和参与程度是决定企业培训工作质量的关键因素，《指南》确立的14个要素能够帮助企业主要负责人快速树立应急管理体系概念和掌握应急准备各项工作要点，对企业主要负责人提高应急意识和应急能力，推进指导企业做好应急准备工作具有重大意义。从企业应急准备工作职责看，危险化学品企业主要负责人是《指南》所有要素的重点培训对象，更是思想理念、组织与职责、经费保障要素最重要的培训对象，所以《指南》专门强调危险化学品企业主要负责人要加强对专题培训工作组织领导。

危险化学品企业主要负责人应当牵头部署《指南》专题培训工作任务，组织安排人事管理部门和应急管理部门制定覆盖全员的培训计划，保障培训所需资源，并率先垂范参加《指南》专题培训。危险化学品企业人事管理部门应当将《指南》专题培训纳入企业年度培训工作予以安排，牵头组织开发培训资源，组织实施培训工作。应急管理部门应配合人事管理部门结合企业实际，并根据企业领导、管理人员、应急队伍、基层领导和基层员工等不同人员应急准备工作职责细化《指南》专题培训的培训内容、培训目标和考核要求，通过差异化设计，增强《指南》专题培训的实效性。

　　《指南》适合采用培训矩阵法来梳理分解不同岗位的培训需求。该方法依据岗位职责，将岗位横置于行，岗位技能培训的要求纵放于列，形成一个二维矩阵，在矩阵中明确各岗位需要接受培训的内容、掌握程度和培训周期。相对于纯文字叙述，培训矩阵可以非常清晰地表达出更为广泛和全面的信息，可以将复杂的信息简单化，在组织员工培训中发挥重要作用。危险化学品企业可以利用培训矩阵法，纵向放置应急准备工作 14 个要素，横向放置企业领导、中层管理人员、专业管理人员、基层单位领导、岗位员工等工作岗位，以及适用情况、培训周期、掌握程度等内容，形成直观明了的《指南》专题培训矩阵。某企业岗位应急准备工作要素培训矩阵见表 2-5-1。

表 2-5-1　某企业岗位应急准备工作要素培训矩阵示例

培训内容	受训人员					培训周期	备注
	企业领导	中层管理人员	专业管理人员	基层单位领导	岗位员工		
思想理念	掌握	掌握	掌握	理解	了解	3 年	
组织与职责	掌握	掌握	掌握	掌握	理解	3 年	
法律法规	掌握	理解	掌握	理解	了解	1 年	
风险评估	掌握	掌握	掌握	掌握	理解	1 年	
预案管理	理解	理解	掌握	掌握	了解	3 年	
监测与预警	理解	掌握	掌握	掌握	理解	3 年	
教育培训与演练	理解	掌握	掌握	掌握	掌握	1 年	
值班值守	理解	掌握	理解	掌握	掌握	1 年	
信息管理	理解	掌握	掌握	理解	了解	3 年	

表 2-5-1（续）

培训内容	受训人员					培训周期	备注
	企业领导	中层管理人员	专业管理人员	基层单位领导	岗位员工		
装备设施	理解	掌握	掌握	掌握	掌握	3 年	
救援队伍建设	掌握	掌握	掌握	理解	理解	3 年	
应急处置与救援	掌握	掌握	掌握	掌握	掌握	1 年	
应急准备恢复	理解	理解	掌握	了解	了解	3 年	
经费保障	掌握	掌握	掌握	理解	了解	3 年	

注：1. 本培训矩阵示例所列掌握、理解、了解三个培训深度和 3 年、1 年两种培训周期，仅作为展示培训矩阵方法如何应用的示例，并非强制要求。

2. 危险化学品企业应结合企业组织结构、风险特点和应急工作需求制定适合自己的培训矩阵。

（三）理论实践结合，实现全要素系统化培训

危险化学品企业应急管理部门应认真研究《指南》的科学性、系统性及其各要素内涵，通过管理要素梳理归类企业应急准备各项工作，使应急管理工作联成一个整体，加强《指南》专题培训与企业应急准备实际工作的联系，丰富《指南》培训资源，针对企业所有员工组织开展专题培训，实现全要素系统化培训，为企业后续利用《指南》开展应急准备工作奠定基础。

第七条 危险化学品企业应定期开展多种形式、不同要素的应急准备检查，并将检查情况作为企业奖惩考核的重要依据，不断提高应急准备工作水平。

【条文主旨】 >>>>>

本条是关于企业根据《指南》进行应急准备工作检查，及时改进问题和不足，持续提升应急准备工作水平的要求。

【条文解读】>>>>>

（一）遵循 PDCA 管理模式加强应急准备工作检查与改进

现代质量和 HSE（健康、安全、环境）管理体系的思想基础和方法依据是 PDCA 循环，它是由美国质量管理专家休沃特·阿曼德·哈特（Walter A. Shewhart）博士首先提出，经过威廉·爱德华兹·戴明（W. Edwards. Deming）博士在质量管理理论实践活动中采纳应用并获得普及。PDCA 循环含义是将管理分为四个阶段，即计划（Plan）、执行（Do）、检查（Check）、处理（Act）。在管理活动中，要求把各项管理活动分为作出计划、计划实施、检查效果、改进提升等四个阶段组织实施，然后进入下一轮循环，实现管理提升。这一工作方法是体系管理基本方法，也是企业管理各项工作的一般规律。危险化学品企业应急准备工作是一项重要的管理活动，同样适用 PDCA 循环，企业开展风险辨识、制订防控措施、修订应急预案、制定培训方案等属于计划（Plan）阶段，企业建设应急设施、储备应急资源、组织培训演练等属于执行（Do）阶段，按照系统"木桶理论"，应急准备工作质量不取决于管理活动最强环节，而是由最薄弱的环节决定。如果危险化学品企业不对应急准备工作开展系统性检查，就不能发现应急准备工作的短板和问题，无法有效改进和提升企业应急准备工作，无法实现高效应对事故的管理目标。

（二）建立检查考核奖惩机制，推进应急准备工作落实

危险化学品企业一方面要按照各自职责将应急准备工作各要素任务分解到具体的组织部门、生产单位和岗位人员，并将应急准备工作内容纳入相应部门、单位和岗位绩效考核范围，予以定期考核兑现，促进各组织部门、单位和岗位积极主动认真地履行应急准备工作职责。另一方面，危险化学品企业还应当针对定期或不定期应急准备工作检查中制定相应的奖励和惩罚制度，表扬奖励表现优秀的团队和个人，批评惩戒工作落实不到位的团队和个人，保障和促进应急准备工

作持续提升。

六、监督检查

第八条 各级政府应急管理部门和其他负有危险化学品安全生产监督管理职责的部门、危险化学品企业上级公司（集团）可根据附件所列各要素及其项目、内容和依据，灵活选用座谈、查阅资料、现场检查、口头提问、实际操作、书面测试等方法，对危险化学品企业应急准备工作进行监督检查。

【条文主旨】>>>>>

本条是对政府有关部门和危险化学品企业上级公司（集团）依据《指南》监督检查危险化学品企业应急准备工作开展情况的建议。

【条文解读】>>>>>

（一）运用《指南》提高监督检查成效

中共中央办公厅、国务院办公厅《关于全面加强危险化学品安全生产工作的意见》明确要求推进实施危险化学品事故应急指南，指导企业提高应急处置能力。危险化学品企业在落实《指南》各项要求的同时，其上级公司（集团）要严格遵照《指南》，进行监督检查，指导下属企业针对本企业安全风险特点，按照 14 个要素要求全面加强应急准备，提高事故应急处置能力。各级政府应急管理部门要贯彻落实党中央、国务院文件要求，切实做好《指南》实施工作，充分运用《指南》这一工具开展定期或不定期的监督检查，了解辖区内危险化学品企业生产安全事故应急准备能力水平，指导企业全面掌握有关要求，督促企业改进不足，认真做好应急准备工作。

（二）监督检查的方式方法

1. 座谈

座谈可以随机选择企业的生产管理人员、技术管理人员、安全管理人员、班组长、操作工了解企业应急准备工作开展情况、教育培训演练情况和有关意见建议。

2. 查阅资料

查阅资料主要是查阅企业根据应急准备 14 个要素开展各类工作的成果和工作台账。

3. 现场检查

现场检查主要是深入生产一线和救援队伍进行检查。

4. 口头提问

口头提问是随机选取岗位员工，要求其回答应急响应程序、本岗位应急准备职责、启动应急响应后的岗位处置措施等相关内容。

5. 实际操作

实际操作是随机抽取员工操作应急救援装备，检查其操作是否熟练，或者在不影响正常生产的前提下随机开展小型应急演练。

6. 书面测试

书面测试是根据应急准备 14 个要素和企业实际情况设计考卷，随机抽取部分员工书面作答并进行评分。

附　　录

◎中华人民共和国突发事件应对法
◎生产安全事故应急条例
◎生产安全事故应急预案管理办法

附录一　中华人民共和国突发事件应对法

中华人民共和国主席令

第六十九号

《中华人民共和国突发事件应对法》已由中华人民共和国第十届全国人民代表大会常务委员会第二十九次会议于 2007 年 8 月 30 日通过，现予公布，自 2007 年 11 月 1 日起施行。

中华人民共和国主席　胡锦涛

2007 年 8 月 30 日

（2007 年 8 月 30 日第十届全国人民代表大会常务委员会第二十九次会议通过）

第一章　总　　则

第一条　为了预防和减少突发事件的发生，控制、减轻和消除突发事件引起的严重社会危害，规范突发事件应对活动，保护人民生命财产安全，维护国家安全、公共安全、环境安全和社会秩序，制定本法。

第二条　突发事件的预防与应急准备、监测与预警、应急处置与救援、事后恢复与重建等应对活动，适用本法。

第三条　本法所称突发事件，是指突然发生，造成或者可能造成严重社会危害，需要采取应急处置措施予以应对的自然灾害、事故灾难、公共卫生事件和社会安全事件。

按照社会危害程度、影响范围等因素，自然灾害、事故灾难、公共卫生事件分为特别重大、重大、较大和一般四级。法律、行政法规或者国务院另有规定的，从其规定。

突发事件的分级标准由国务院或者国务院确定的部门制定。

第四条　国家建立统一领导、综合协调、分类管理、分级负责、属地管理为主的应急管理体制。

第五条　突发事件应对工作实行预防为主、预防与应急相结合的原则。国家建立重大突发事件风险评估体系，对可能发生的突发事件进行综合性评估，减少重大突发事件的发生，最大限度地减轻重大突发事件的影响。

第六条　国家建立有效的社会动员机制，增强全民的公共安全和防范风险的意识，提高全社会的避险救助能力。

第七条　县级人民政府对本行政区域内突发事件的应对工作负责；涉及两个以上行政区域的，由有关行政区域共同的上一级人民政府负责，或者由各有关行政区域的上一级人民政府共同负责。

突发事件发生后，发生地县级人民政府应当立即采取措施控制事态发展，组织开展应急救援和处置工作，并立即向上一级人民政府报告，必要时可以越级上报。

突发事件发生地县级人民政府不能消除或者不能有效控制突发事件引起的严重社会危害的，应当及时向上级人民政府报告。上级人民政府应当及时采取措施，统一领导应急处置工作。

法律、行政法规规定由国务院有关部门对突发事件的应对工作负责的，从其规定；地方人民政府应当积极配合并提供必要的支持。

第八条　国务院在总理领导下研究、决定和部署特别重大突发事件的应对工作；根据实际需要，设立国家突发事件应急指挥机构，负责突发事件应对工作；必要时，国务院可以派出工作组指导有关工作。

　　县级以上地方各级人民政府设立由本级人民政府主要负责人、相关部门负责人、驻当地中国人民解放军和中国人民武装警察部队有关负责人组成的突发事件应急指挥机构，统一领导、协调本级人民政府各有关部门和下级人民政府开展突发事件应对工作；根据实际需要，设立相关类别突发事件应急指挥机构，组织、协调、指挥突发事件应对工作。

　　上级人民政府主管部门应当在各自职责范围内，指导、协助下级人民政府及其相应部门做好有关突发事件的应对工作。

　　第九条　国务院和县级以上地方各级人民政府是突发事件应对工作的行政领导机关，其办事机构及具体职责由国务院规定。

　　第十条　有关人民政府及其部门作出的应对突发事件的决定、命令，应当及时公布。

　　第十一条　有关人民政府及其部门采取的应对突发事件的措施，应当与突发事件可能造成的社会危害的性质、程度和范围相适应；有多种措施可供选择的，应当选择有利于最大程度地保护公民、法人和其他组织权益的措施。

　　公民、法人和其他组织有义务参与突发事件应对工作。

　　第十二条　有关人民政府及其部门为应对突发事件，可以征用单位和个人的财产。被征用的财产在使用完毕或者突发事件应急处置工作结束后，应当及时返还。财产被征用或者征用后毁损、灭失的，应当给予补偿。

　　第十三条　因采取突发事件应对措施，诉讼、行政复议、仲裁活动不能正常进行的，适用有关时效中止和程序中止的规定，但法律另有规定的除外。

　　第十四条　中国人民解放军、中国人民武装警察部队和民兵组织依照本法和其他有关法律、行政法规、军事法规的规定以及国务院、中央军事委员会的命令，参加突发事件的应急救援和处置工作。

第十五条 中华人民共和国政府在突发事件的预防、监测与预警、应急处置与救援、事后恢复与重建等方面，同外国政府和有关国际组织开展合作与交流。

第十六条 县级以上人民政府作出应对突发事件的决定、命令，应当报本级人民代表大会常务委员会备案；突发事件应急处置工作结束后，应当向本级人民代表大会常务委员会作出专项工作报告。

第二章 预防与应急准备

第十七条 国家建立健全突发事件应急预案体系。

国务院制定国家突发事件总体应急预案，组织制定国家突发事件专项应急预案；国务院有关部门根据各自的职责和国务院相关应急预案，制定国家突发事件部门应急预案。

地方各级人民政府和县级以上地方各级人民政府有关部门根据有关法律、法规、规章、上级人民政府及其有关部门的应急预案以及本地区的实际情况，制定相应的突发事件应急预案。

应急预案制定机关应当根据实际需要和情势变化，适时修订应急预案。应急预案的制定、修订程序由国务院规定。

第十八条 应急预案应当根据本法和其他有关法律、法规的规定，针对突发事件的性质、特点和可能造成的社会危害，具体规定突发事件应急管理工作的组织指挥体系与职责和突发事件的预防与预警机制、处置程序、应急保障措施以及事后恢复与重建措施等内容。

第十九条 城乡规划应当符合预防、处置突发事件的需要，统筹安排应对突发事件所必需的设备和基础设施建设，合理确定应急避难场所。

第二十条 县级人民政府应当对本行政区域内容易引发自然灾害、事故灾难和公共卫生事件的危险源、危险区域进行调查、登记、风险评估，定期进行检查、监控，并责令有关单位采取安全防范措施。

省级和设区的市级人民政府应当对本行政区域内容易引发特别重大、重大突发事件的危险源、危险区域进行调查、登记、风险评估，组织进行检查、监控，并责令有关单位采取安全防范措施。

县级以上地方各级人民政府按照本法规定登记的危险源、危险区域，应当按照国家规定及时向社会公布。

第二十一条　县级人民政府及其有关部门、乡级人民政府、街道办事处、居民委员会、村民委员会应当及时调解处理可能引发社会安全事件的矛盾纠纷。

第二十二条　所有单位应当建立健全安全管理制度，定期检查本单位各项安全防范措施的落实情况，及时消除事故隐患；掌握并及时处理本单位存在的可能引发社会安全事件的问题，防止矛盾激化和事态扩大；对本单位可能发生的突发事件和采取安全防范措施的情况，应当按照规定及时向所在地人民政府或者人民政府有关部门报告。

第二十三条　矿山、建筑施工单位和易燃易爆物品、危险化学品、放射性物品等危险物品的生产、经营、储运、使用单位，应当制定具体应急预案，并对生产经营场所、有危险物品的建筑物、构筑物及周边环境开展隐患排查，及时采取措施消除隐患，防止发生突发事件。

第二十四条　公共交通工具、公共场所和其他人员密集场所的经营单位或者管理单位应当制定具体应急预案，为交通工具和有关场所配备报警装置和必要的应急救援设备、设施，注明其使用方法，并显著标明安全撤离的通道、路线，保证安全通道、出口的畅通。

有关单位应当定期检测、维护其报警装置和应急救援设备、设施，使其处于良好状态，确保正常使用。

第二十五条　县级以上人民政府应当建立健全突发事件应急管理培训制度，对人民政府及其有关部门负有处置突发事件职责的工作人员定期进行培训。

第二十六条　县级以上人民政府应当整合应急资源，建立或者确定综合性应急救援队伍。人民政府有关部门可以根据实际需要设立专业应急救援队伍。

县级以上人民政府及其有关部门可以建立由成年志愿者组成的应急救援队伍。单位应当建立由本单位职工组成的专职或者兼职应急救援队伍。

县级以上人民政府应当加强专业应急救援队伍与非专业应急救援队伍的合作，联合培训、联合演练，提高合成应急、协同应急的能力。

第二十七条　国务院有关部门、县级以上地方各级人民政府及其有关部门、有关单位应当为专业应急救援人员购买人身意外伤害保险，配备必要的防护装备和器材，减少应急救援人员的人身风险。

第二十八条　中国人民解放军、中国人民武装警察部队和民兵组织应当有计划地组织开展应急救援的专门训练。

第二十九条　县级人民政府及其有关部门、乡级人民政府、街道办事处应当组织开展应急知识的宣传普及活动和必要的应急演练。

居民委员会、村民委员会、企业事业单位应当根据所在地人民政府的要求，结合各自的实际情况，开展有关突发事件应急知识的宣传普及活动和必要的应急演练。

新闻媒体应当无偿开展突发事件预防与应急、自救与互救知识的公益宣传。

第三十条　各级各类学校应当把应急知识教育纳入教学内容，对学生进行应急知识教育，培养学生的安全意识和自救与互救能力。

教育主管部门应当对学校开展应急知识教育进行指导和监督。

第三十一条　国务院和县级以上地方各级人民政府应当采取财政措施，保障突发事件应对工作所需经费。

第三十二条　国家建立健全应急物资储备保障制度，完善重要应急物资的监管、生产、储备、调拨和紧急配送体系。

设区的市级以上人民政府和突发事件易发、多发地区的县级人民政府应当建立应急救援物资、生活必需品和应急处置装备的储备制度。

县级以上地方各级人民政府应当根据本地区的实际情况，与有关企业签订协议，保障应急救援物资、生活必需品和应急处置装备的生产、供给。

第三十三条　国家建立健全应急通信保障体系，完善公用通信网，建立有线与无线相结合、基础电信网络与机动通信系统相配套的应急通信系统，确保突发事件应对工作的通信畅通。

第三十四条　国家鼓励公民、法人和其他组织为人民政府应对突发事件工作提供物资、资金、技术支持和捐赠。

第三十五条　国家发展保险事业，建立国家财政支持的巨灾风险保险体系，并鼓励单位和公民参加保险。

第三十六条　国家鼓励、扶持具备相应条件的教学科研机构培养应急管理专门人才，鼓励、扶持教学科研机构和有关企业研究开发用于突发事件预防、监测、预警、应急处置与救援的新技术、新设备和新工具。

第三章　监　测　与　预　警

第三十七条　国务院建立全国统一的突发事件信息系统。

县级以上地方各级人民政府应当建立或者确定本地区统一的突发事件信息系统，汇集、储存、分析、传输有关突发事件的信息，并与上级人民政府及其有关部门、下级人民政府及其有关部门、专业机构和监测网点的突发事件信息系统实现互联互通，加强跨部门、跨地区的信息交流与情报合作。

第三十八条 县级以上人民政府及其有关部门、专业机构应当通过多种途径收集突发事件信息。

县级人民政府应当在居民委员会、村民委员会和有关单位建立专职或者兼职信息报告员制度。

获悉突发事件信息的公民、法人或者其他组织，应当立即向所在地人民政府、有关主管部门或者指定的专业机构报告。

第三十九条 地方各级人民政府应当按照国家有关规定向上级人民政府报送突发事件信息。县级以上人民政府有关主管部门应当向本级人民政府相关部门通报突发事件信息。专业机构、监测网点和信息报告员应当及时向所在地人民政府及其有关主管部门报告突发事件信息。

有关单位和人员报送、报告突发事件信息，应当做到及时、客观、真实，不得迟报、谎报、瞒报、漏报。

第四十条 县级以上地方各级人民政府应当及时汇总分析突发事件隐患和预警信息，必要时组织相关部门、专业技术人员、专家学者进行会商，对发生突发事件的可能性及其可能造成的影响进行评估；认为可能发生重大或者特别重大突发事件的，应当立即向上级人民政府报告，并向上级人民政府有关部门、当地驻军和可能受到危害的毗邻或者相关地区的人民政府通报。

第四十一条 国家建立健全突发事件监测制度。

县级以上人民政府及其有关部门应当根据自然灾害、事故灾难和公共卫生事件的种类和特点，建立健全基础信息数据库，完善监测网络，划分监测区域，确定监测点，明确监测项目，提供必要的设备、设施，配备专职或者兼职人员，对可能发生的突发事件进行监测。

第四十二条　国家建立健全突发事件预警制度。

可以预警的自然灾害、事故灾难和公共卫生事件的预警级别，按照突发事件发生的紧急程度、发展势态和可能造成的危害程度分为一级、二级、三级和四级，分别用红色、橙色、黄色和蓝色标示，一级为最高级别。

预警级别的划分标准由国务院或者国务院确定的部门制定。

第四十三条　可以预警的自然灾害、事故灾难或者公共卫生事件即将发生或者发生的可能性增大时，县级以上地方各级人民政府应当根据有关法律、行政法规和国务院规定的权限和程序，发布相应级别的警报，决定并宣布有关地区进入预警期，同时向上一级人民政府报告，必要时可以越级上报，并向当地驻军和可能受到危害的毗邻或者相关地区的人民政府通报。

第四十四条　发布三级、四级警报，宣布进入预警期后，县级以上地方各级人民政府应当根据即将发生的突发事件的特点和可能造成的危害，采取下列措施：

（一）启动应急预案；

（二）责令有关部门、专业机构、监测网点和负有特定职责的人员及时收集、报告有关信息，向社会公布反映突发事件信息的渠道，加强对突发事件发生、发展情况的监测、预报和预警工作；

（三）组织有关部门和机构、专业技术人员、有关专家学者，随时对突发事件信息进行分析评估，预测发生突发事件可能性的大小、影响范围和强度以及可能发生的突发事件的级别；

（四）定时向社会发布与公众有关的突发事件预测信息和分析评估结果，并对相关信息的报道工作进行管理；

（五）及时按照有关规定向社会发布可能受到突发事件危害的警告，宣传避免、减轻危害的常识，公布咨询电话。

第四十五条 发布一级、二级警报，宣布进入预警期后，县级以上地方各级人民政府除采取本法第四十四条规定的措施外，还应当针对即将发生的突发事件的特点和可能造成的危害，采取下列一项或者多项措施：

（一）责令应急救援队伍、负有特定职责的人员进入待命状态，并动员后备人员做好参加应急救援和处置工作的准备；

（二）调集应急救援所需物资、设备、工具，准备应急设施和避难场所，并确保其处于良好状态、随时可以投入正常使用；

（三）加强对重点单位、重要部位和重要基础设施的安全保卫，维护社会治安秩序；

（四）采取必要措施，确保交通、通信、供水、排水、供电、供气、供热等公共设施的安全和正常运行；

（五）及时向社会发布有关采取特定措施避免或者减轻危害的建议、劝告；

（六）转移、疏散或者撤离易受突发事件危害的人员并予以妥善安置，转移重要财产；

（七）关闭或者限制使用易受突发事件危害的场所，控制或者限制容易导致危害扩大的公共场所的活动；

（八）法律、法规、规章规定的其他必要的防范性、保护性措施。

第四十六条 对即将发生或者已经发生的社会安全事件，县级以上地方各级人民政府及其有关主管部门应当按照规定向上一级人民政府及其有关主管部门报告，必要时可以越级上报。

第四十七条 发布突发事件警报的人民政府应当根据事态的发展，按照有关规定适时调整预警级别并重新发布。

有事实证明不可能发生突发事件或者危险已经解除的，发布警报的人民政府应当立即宣布解除警报，终止预警期，并解除已经采取的有关措施。

第四章　应急处置与救援

第四十八条　突发事件发生后，履行统一领导职责或者组织处置突发事件的人民政府应当针对其性质、特点和危害程度，立即组织有关部门，调动应急救援队伍和社会力量，依照本章的规定和有关法律、法规、规章的规定采取应急处置措施。

第四十九条　自然灾害、事故灾难或者公共卫生事件发生后，履行统一领导职责的人民政府可以采取下列一项或者多项应急处置措施：

（一）组织营救和救治受害人员，疏散、撤离并妥善安置受到威胁的人员以及采取其他救助措施；

（二）迅速控制危险源，标明危险区域，封锁危险场所，划定警戒区，实行交通管制以及其他控制措施；

（三）立即抢修被损坏的交通、通信、供水、排水、供电、供气、供热等公共设施，向受到危害的人员提供避难场所和生活必需品，实施医疗救护和卫生防疫以及其他保障措施；

（四）禁止或者限制使用有关设备、设施，关闭或者限制使用有关场所，中止人员密集的活动或者可能导致危害扩大的生产经营活动以及采取其他保护措施；

（五）启用本级人民政府设置的财政预备费和储备的应急救援物资，必要时调用其他急需物资、设备、设施、工具；

（六）组织公民参加应急救援和处置工作，要求具有特定专长的人员提供服务；

（七）保障食品、饮用水、燃料等基本生活必需品的供应；

（八）依法从严惩处囤积居奇、哄抬物价、制假售假等扰乱市场秩序的行为，稳定市场价格，维护市场秩序；

（九）依法从严惩处哄抢财物、干扰破坏应急处置工作等扰乱社会秩序的行为，维护社会治安；

（十）采取防止发生次生、衍生事件的必要措施。

第五十条 社会安全事件发生后，组织处置工作的人民政府应当立即组织有关部门并由公安机关针对事件的性质和特点，依照有关法律、行政法规和国家其他有关规定，采取下列一项或者多项应急处置措施：

（一）强制隔离使用器械相互对抗或者以暴力行为参与冲突的当事人，妥善解决现场纠纷和争端，控制事态发展；

（二）对特定区域内的建筑物、交通工具、设备、设施以及燃料、燃气、电力、水的供应进行控制；

（三）封锁有关场所、道路，查验现场人员的身份证件，限制有关公共场所内的活动；

（四）加强对易受冲击的核心机关和单位的警卫，在国家机关、军事机关、国家通讯社、广播电台、电视台、外国驻华使领馆等单位附近设置临时警戒线；

（五）法律、行政法规和国务院规定的其他必要措施。

严重危害社会治安秩序的事件发生时，公安机关应当立即依法出动警力，根据现场情况依法采取相应的强制性措施，尽快使社会秩序恢复正常。

第五十一条 发生突发事件，严重影响国民经济正常运行时，国务院或者国务院授权的有关主管部门可以采取保障、控制等必要的应急措施，保障人民群众的基本生活需要，最大限度地减轻突发事件的影响。

第五十二条 履行统一领导职责或者组织处置突发事件的人民政府，必要时可以向单位和个人征用应急救援所需设备、设施、场地、交通工具和其他物资，请求其他地方人民政府提供人力、物力、财力或者技术支援，要求生产、供应生活必需品和应急救援物资的企业组织生产、保证供给，要求提供医疗、交通等公共服务的组织提供相应的服务。

履行统一领导职责或者组织处置突发事件的人民政府，应当组织协调运输经营单位，优先运送处置突发事件所需物资、设备、工具、应急救援人员和受到突发事件危害的人员。

第五十三条　履行统一领导职责或者组织处置突发事件的人民政府，应当按照有关规定统一、准确、及时发布有关突发事件事态发展和应急处置工作的信息。

第五十四条　任何单位和个人不得编造、传播有关突发事件事态发展或者应急处置工作的虚假信息。

第五十五条　突发事件发生地的居民委员会、村民委员会和其他组织应当按照当地人民政府的决定、命令，进行宣传动员，组织群众开展自救和互救，协助维护社会秩序。

第五十六条　受到自然灾害危害或者发生事故灾难、公共卫生事件的单位，应当立即组织本单位应急救援队伍和工作人员营救受害人员，疏散、撤离、安置受到威胁的人员，控制危险源，标明危险区域，封锁危险场所，并采取其他防止危害扩大的必要措施，同时向所在地县级人民政府报告；对因本单位的问题引发的或者主体是本单位人员的社会安全事件，有关单位应当按照规定上报情况，并迅速派出负责人赶赴现场开展劝解、疏导工作。

突发事件发生地的其他单位应当服从人民政府发布的决定、命令，配合人民政府采取的应急处置措施，做好本单位的应急救援工作，并积极组织人员参加所在地的应急救援和处置工作。

第五十七条　突发事件发生地的公民应当服从人民政府、居民委员会、村民委员会或者所属单位的指挥和安排，配合人民政府采取的应急处置措施，积极参加应急救援工作，协助维护社会秩序。

第五章　事后恢复与重建

第五十八条　突发事件的威胁和危害得到控制或者消除后，履行统一领导职责或者组织处置突发事件的人民政府应当停止执行依照本法规定采取的应急处置措施，同时采取或者继续实施必要措施，防止发生自然灾害、事故灾难、公共卫生事件的次生、衍生事件或者重新引发社会安全事件。

第五十九条　突发事件应急处置工作结束后，履行统一领导职责的人民政府应当立即组织对突发事件造成的损失进行评估，组织受影响地区尽快恢复生产、生活、工作和社会秩序，制定恢复重建计划，并向上一级人民政府报告。

受突发事件影响地区的人民政府应当及时组织和协调公安、交通、铁路、民航、邮电、建设等有关部门恢复社会治安秩序，尽快修复被损坏的交通、通信、供水、排水、供电、供气、供热等公共设施。

第六十条　受突发事件影响地区的人民政府开展恢复重建工作需要上一级人民政府支持的，可以向上一级人民政府提出请求。上一级人民政府应当根据受影响地区遭受的损失和实际情况，提供资金、物资支持和技术指导，组织其他地区提供资金、物资和人力支援。

第六十一条　国务院根据受突发事件影响地区遭受损失的情况，制定扶持该地区有关行业发展的优惠政策。

受突发事件影响地区的人民政府应当根据本地区遭受损失的情况，制定救助、补偿、抚慰、抚恤、安置等善后工作计划并组织实施，妥善解决因处置突发事件引发的矛盾和纠纷。

公民参加应急救援工作或者协助维护社会秩序期间，其在本单位的工资待遇和福利不变；表现突出、成绩显著的，由县级以上人民政府给予表彰或者奖励。

县级以上人民政府对在应急救援工作中伤亡的人员依法给予抚恤。

第六十二条　履行统一领导职责的人民政府应当及时查明突发事件的发生经过和原因，总结突发事件应急处置工作的经验教训，制定改进措施，并向上一级人民政府提出报告。

第六章　法　律　责　任

第六十三条　地方各级人民政府和县级以上各级人民政府有关部门违反本法规定，不履行法定职责的，由其上级行政机关或者监察机关责令改正；有下列情形之一的，根据情节对直接负责的主管人员和其他直接责任人员依法给予处分：

（一）未按规定采取预防措施，导致发生突发事件，或者未采取必要的防范措施，导致发生次生、衍生事件的；

（二）迟报、谎报、瞒报、漏报有关突发事件的信息，或者通报、报送、公布虚假信息，造成后果的；

（三）未按规定及时发布突发事件警报、采取预警期的措施，导致损害发生的；

（四）未按规定及时采取措施处置突发事件或者处置不当，造成后果的；

（五）不服从上级人民政府对突发事件应急处置工作的统一领导、指挥和协调的；

（六）未及时组织开展生产自救、恢复重建等善后工作的；

（七）截留、挪用、私分或者变相私分应急救援资金、物资的；

（八）不及时归还征用的单位和个人的财产，或者对被征用财产的单位和个人不按规定给予补偿的。

第六十四条　有关单位有下列情形之一的，由所在地履行统一领导职责的人民政府责令停产停业，暂扣或者吊销许可证或者营业执照，并处五万元以上二十万元以下的罚款；构成违反治安管理行为的，由公安机关依法给予处罚：

（一）未按规定采取预防措施，导致发生严重突发事件的；

（二）未及时消除已发现的可能引发突发事件的隐患，导致发生严重突发事件的；

（三）未做好应急设备、设施日常维护、检测工作，导致发生严重突发事件或者突发事件危害扩大的；

（四）突发事件发生后，不及时组织开展应急救援工作，造成严重后果的。

前款规定的行为，其他法律、行政法规规定由人民政府有关部门依法决定处罚的，从其规定。

第六十五条 违反本法规定，编造并传播有关突发事件事态发展或者应急处置工作的虚假信息，或者明知是有关突发事件事态发展或者应急处置工作的虚假信息而进行传播的，责令改正，给予警告；造成严重后果的，依法暂停其业务活动或者吊销其执业许可证；负有直接责任的人员是国家工作人员的，还应当对其依法给予处分；构成违反治安管理行为的，由公安机关依法给予处罚。

第六十六条 单位或者个人违反本法规定，不服从所在地人民政府及其有关部门发布的决定、命令或者不配合其依法采取的措施，构成违反治安管理行为的，由公安机关依法给予处罚。

第六十七条 单位或者个人违反本法规定，导致突发事件发生或者危害扩大，给他人人身、财产造成损害的，应当依法承担民事责任。

第六十八条 违反本法规定，构成犯罪的，依法追究刑事责任。

第七章　附　　则

第六十九条 发生特别重大突发事件，对人民生命财产安全、国家安全、公共安全、环境安全或者社会秩序构成重大威胁，采取本法和其他有关法律、法规、规章规定的应急处置措施不能消除或者有效控制、减轻其严重社会危害，需要进入紧急状态的，由全国人民代表大会常务委员会或者国务院依照宪法和其他有关法律规定的权限和程序决定。

紧急状态期间采取的非常措施，依照有关法律规定执行或者由全国人民代表大会常务委员会另行规定。

第七十条　本法自 2007 年 11 月 1 日起施行。

附录二 生产安全事故应急条例

中华人民共和国国务院令

第 708 号

《生产安全事故应急条例》已经 2018 年 12 月 5 日国务院第 33 次常务会议通过，现予公布，自 2019 年 4 月 1 日起施行。

总理 李克强

2019 年 2 月 17 日

第一章 总 则

第一条 为了规范生产安全事故应急工作，保障人民群众生命和财产安全，根据《中华人民共和国安全生产法》和《中华人民共和国突发事件应对法》，制定本条例。

第二条 本条例适用于生产安全事故应急工作；法律、行政法规另有规定的，适用其规定。

第三条 国务院统一领导全国的生产安全事故应急工作，县级以上地方人民政府统一领导本行政区域内的生产安全事故应急工作。生产安全事故应急工作涉及两个以上行政区域的，由有关行政区域共同的上一级人民政府负责，或者由各有关行政区域的上一级人民政府共同负责。

县级以上人民政府应急管理部门和其他对有关行业、领域的安全生产工作实施监督管理的部门（以下统称负有安全生产监督管理职责的部门）在各自职责范围内，做好有关行业、领域的生产安全事故应急工作。

县级以上人民政府应急管理部门指导、协调本级人民政府其他负有安全生产监督管理职责的部门和下级人民政府的生产安全事故应急工作。

乡、镇人民政府以及街道办事处等地方人民政府派出机关应当协助上级人民政府有关部门依法履行生产安全事故应急工作职责。

第四条　生产经营单位应当加强生产安全事故应急工作，建立、健全生产安全事故应急工作责任制，其主要负责人对本单位的生产安全事故应急工作全面负责。

第二章　应　急　准　备

第五条　县级以上人民政府及其负有安全生产监督管理职责的部门和乡、镇人民政府以及街道办事处等地方人民政府派出机关，应当针对可能发生的生产安全事故的特点和危害，进行风险辨识和评估，制定相应的生产安全事故应急救援预案，并依法向社会公布。

生产经营单位应当针对本单位可能发生的生产安全事故的特点和危害，进行风险辨识和评估，制定相应的生产安全事故应急救援预案，并向本单位从业人员公布。

第六条　生产安全事故应急救援预案应当符合有关法律、法规、规章和标准的规定，具有科学性、针对性和可操作性，明确规定应急组织体系、职责分工以及应急救援程序和措施。

有下列情形之一的，生产安全事故应急救援预案制定单位应当及时修订相关预案：

（一）制定预案所依据的法律、法规、规章、标准发生重大变化；

（二）应急指挥机构及其职责发生调整；

（三）安全生产面临的风险发生重大变化；

（四）重要应急资源发生重大变化；

（五）在预案演练或者应急救援中发现需要修订预案的重大问题；

（六）其他应当修订的情形。

第七条 县级以上人民政府负有安全生产监督管理职责的部门应当将其制定的生产安全事故应急救援预案报送本级人民政府备案；易燃易爆物品、危险化学品等危险物品的生产、经营、储存、运输单位、矿山、金属冶炼、城市轨道交通运营、建筑施工单位，以及宾馆、商场、娱乐场所、旅游景区等人员密集场所经营单位，应当将其制定的生产安全事故应急救援预案按照国家有关规定报送县级以上人民政府负有安全生产监督管理职责的部门备案，并依法向社会公布。

第八条 县级以上地方人民政府以及县级以上人民政府负有安全生产监督管理职责的部门，乡、镇人民政府以及街道办事处等地方人民政府派出机关，应当至少每2年组织1次生产安全事故应急救援预案演练。

易燃易爆物品、危险化学品等危险物品的生产、经营、储存、运输单位、矿山、金属冶炼、城市轨道交通运营、建筑施工单位，以及宾馆、商场、娱乐场所、旅游景区等人员密集场所经营单位，应当至少每半年组织1次生产安全事故应急救援预案演练，并将演练情况报送所在地县级以上地方人民政府负有安全生产监督管理职责的部门。

县级以上地方人民政府负有安全生产监督管理职责的部门应当对本行政区域内前款规定的重点生产经营单位的生产安全事故应急救援预案演练进行抽查；发现演练不符合要求的，应当责令限期改正。

第九条 县级以上人民政府应当加强对生产安全事故应急救援队伍建设的统一规划、组织和指导。

县级以上人民政府负有安全生产监督管理职责的部门根据生产安

全事故应急工作的实际需要，在重点行业、领域单独建立或者依托有条件的生产经营单位、社会组织共同建立应急救援队伍。

国家鼓励和支持生产经营单位和其他社会力量建立提供社会化应急救援服务的应急救援队伍。

第十条 易燃易爆物品、危险化学品等危险物品的生产、经营、储存、运输单位，矿山、金属冶炼、城市轨道交通运营、建筑施工单位，以及宾馆、商场、娱乐场所、旅游景区等人员密集场所经营单位，应当建立应急救援队伍；其中，小型企业或者微型企业等规模较小的生产经营单位，可以不建立应急救援队伍，但应当指定兼职的应急救援人员，并且可以与邻近的应急救援队伍签订应急救援协议。

工业园区、开发区等产业聚集区域内的生产经营单位，可以联合建立应急救援队伍。

第十一条 应急救援队伍的应急救援人员应当具备必要的专业知识、技能、身体素质和心理素质。

应急救援队伍建立单位或者兼职应急救援人员所在单位应当按照国家有关规定对应急救援人员进行培训；应急救援人员经培训合格后，方可参加应急救援工作。

应急救援队伍应当配备必要的应急救援装备和物资，并定期组织训练。

第十二条 生产经营单位应当及时将本单位应急救援队伍建立情况按照国家有关规定报送县级以上人民政府负有安全生产监督管理职责的部门，并依法向社会公布。

县级以上人民政府负有安全生产监督管理职责的部门应当定期将本行业、本领域的应急救援队伍建立情况报送本级人民政府，并依法向社会公布。

第十三条 县级以上地方人民政府应当根据本行政区域内可能发

生的生产安全事故的特点和危害，储备必要的应急救援装备和物资，并及时更新和补充。

易燃易爆物品、危险化学品等危险物品的生产、经营、储存、运输单位，矿山、金属冶炼、城市轨道交通运营、建筑施工单位，以及宾馆、商场、娱乐场所、旅游景区等人员密集场所经营单位，应当根据本单位可能发生的生产安全事故的特点和危害，配备必要的灭火、排水、通风以及危险物品稀释、掩埋、收集等应急救援器材、设备和物资，并进行经常性维护、保养，保证正常运转。

第十四条　下列单位应当建立应急值班制度，配备应急值班人员：

（一）县级以上人民政府及其负有安全生产监督管理职责的部门；

（二）危险物品的生产、经营、储存、运输单位以及矿山、金属冶炼、城市轨道交通运营、建筑施工单位；

（三）应急救援队伍。

规模较大、危险性较高的易燃易爆物品、危险化学品等危险物品的生产、经营、储存、运输单位应当成立应急处置技术组，实行24小时应急值班。

第十五条　生产经营单位应当对从业人员进行应急教育和培训，保证从业人员具备必要的应急知识，掌握风险防范技能和事故应急措施。

第十六条　国务院负有安全生产监督管理职责的部门应当按照国家有关规定建立生产安全事故应急救援信息系统，并采取有效措施，实现数据互联互通、信息共享。

生产经营单位可以通过生产安全事故应急救援信息系统办理生产安全事故应急救援预案备案手续，报送应急救援预案演练情况和应急救援队伍建设情况；但依法需要保密的除外。

第三章 应 急 救 援

第十七条 发生生产安全事故后，生产经营单位应当立即启动生产安全事故应急救援预案，采取下列一项或者多项应急救援措施，并按照国家有关规定报告事故情况：

（一）迅速控制危险源，组织抢救遇险人员；

（二）根据事故危害程度，组织现场人员撤离或者采取可能的应急措施后撤离；

（三）及时通知可能受到事故影响的单位和人员；

（四）采取必要措施，防止事故危害扩大和次生、衍生灾害发生；

（五）根据需要请求邻近的应急救援队伍参加救援，并向参加救援的应急救援队伍提供相关技术资料、信息和处置方法；

（六）维护事故现场秩序，保护事故现场和相关证据；

（七）法律、法规规定的其他应急救援措施。

第十八条 有关地方人民政府及其部门接到生产安全事故报告后，应当按照国家有关规定上报事故情况，启动相应的生产安全事故应急救援预案，并按照应急救援预案的规定采取下列一项或者多项应急救援措施：

（一）组织抢救遇险人员，救治受伤人员，研判事故发展趋势以及可能造成的危害；

（二）通知可能受到事故影响的单位和人员，隔离事故现场，划定警戒区域，疏散受到威胁的人员，实施交通管制；

（三）采取必要措施，防止事故危害扩大和次生、衍生灾害发生，避免或者减少事故对环境造成的危害；

（四）依法发布调用和征用应急资源的决定；

（五）依法向应急救援队伍下达救援命令；

（六）维护事故现场秩序，组织安抚遇险人员和遇险遇难人员亲属；

（七）依法发布有关事故情况和应急救援工作的信息；

（八）法律、法规规定的其他应急救援措施。

有关地方人民政府不能有效控制生产安全事故的，应当及时向上级人民政府报告。上级人民政府应当及时采取措施，统一指挥应急救援。

第十九条 应急救援队伍接到有关人民政府及其部门的救援命令或者签有应急救援协议的生产经营单位的救援请求后，应当立即参加生产安全事故应急救援。

应急救援队伍根据救援命令参加生产安全事故应急救援所耗费用，由事故责任单位承担；事故责任单位无力承担的，由有关人民政府协调解决。

第二十条 发生生产安全事故后，有关人民政府认为有必要的，可以设立由本级人民政府及其有关部门负责人、应急救援专家、应急救援队伍负责人、事故发生单位负责人等人员组成的应急救援现场指挥部，并指定现场指挥部总指挥。

第二十一条 现场指挥部实行总指挥负责制，按照本级人民政府的授权组织制定并实施生产安全事故现场应急救援方案，协调、指挥有关单位和个人参加现场应急救援。

参加生产安全事故现场应急救援的单位和个人应当服从现场指挥部的统一指挥。

第二十二条 在生产安全事故应急救援过程中，发现可能直接危及应急救援人员生命安全的紧急情况时，现场指挥部或者统一指挥应急救援的人民政府应当立即采取相应措施消除隐患，降低或者化解风险，必要时可以暂时撤离应急救援人员。

第二十三条 生产安全事故发生地人民政府应当为应急救援人员

提供必需的后勤保障，并组织通信、交通运输、医疗卫生、气象、水文、地质、电力、供水等单位协助应急救援。

第二十四条　现场指挥部或者统一指挥生产安全事故应急救援的人民政府及其有关部门应当完整、准确地记录应急救援的重要事项，妥善保存相关原始资料和证据。

第二十五条　生产安全事故的威胁和危害得到控制或者消除后，有关人民政府应当决定停止执行依照本条例和有关法律、法规采取的全部或者部分应急救援措施。

第二十六条　有关人民政府及其部门根据生产安全事故应急救援需要依法调用和征用的财产，在使用完毕或者应急救援结束后，应当及时归还。财产被调用、征用或者调用、征用后毁损、灭失的，有关人民政府及其部门应当按照国家有关规定给予补偿。

第二十七条　按照国家有关规定成立的生产安全事故调查组应当对应急救援工作进行评估，并在事故调查报告中作出评估结论。

第二十八条　县级以上地方人民政府应当按照国家有关规定，对在生产安全事故应急救援中伤亡的人员及时给予救治和抚恤；符合烈士评定条件的，按照国家有关规定评定为烈士。

第四章　法　律　责　任

第二十九条　地方各级人民政府和街道办事处等地方人民政府派出机关以及县级以上人民政府有关部门违反本条例规定的，由其上级行政机关责令改正；情节严重的，对直接负责的主管人员和其他直接责任人员依法给予处分。

第三十条　生产经营单位未制定生产安全事故应急救援预案、未定期组织应急救援预案演练、未对从业人员进行应急教育和培训，生产经营单位的主要负责人在本单位发生生产安全事故时不立即组织抢救的，由县级以上人民政府负有安全生产监督管理职责的部门依照

《中华人民共和国安全生产法》有关规定追究法律责任。

第三十一条 生产经营单位未对应急救援器材、设备和物资进行经常性维护、保养，导致发生严重生产安全事故或者生产安全事故危害扩大，或者在本单位发生生产安全事故后未立即采取相应的应急救援措施，造成严重后果的，由县级以上人民政府负有安全生产监督管理职责的部门依照《中华人民共和国突发事件应对法》有关规定追究法律责任。

第三十二条 生产经营单位未将生产安全事故应急救援预案报送备案、未建立应急值班制度或者配备应急值班人员的，由县级以上人民政府负有安全生产监督管理职责的部门责令限期改正；逾期未改正的，处 3 万元以上 5 万元以下的罚款，对直接负责的主管人员和其他直接责任人员处 1 万元以上 2 万元以下的罚款。

第三十三条 违反本条例规定，构成违反治安管理行为的，由公安机关依法给予处罚；构成犯罪的，依法追究刑事责任。

第五章 附 则

第三十四条 储存、使用易燃易爆物品、危险化学品等危险物品的科研机构、学校、医院等单位的安全事故应急工作，参照本条例有关规定执行。

第三十五条 本条例自 2019 年 4 月 1 日起施行。

附录三　生产安全事故应急预案管理办法

中华人民共和国应急管理部令

第 2 号

《应急管理部关于修改〈生产安全事故应急预案管理办法〉的决定》已经 2019 年 6 月 24 日应急管理部第 20 次部务会议审议通过，现予公布，自 2019 年 9 月 1 日起施行。

部长　王玉普

2019 年 7 月 11 日

（2016 年 6 月 3 日国家安全生产监督管理总局令第 88 号公布，根据 2019 年 7 月 11 日应急管理部令第 2 号《应急管理部关于修改〈生产安全事故应急预案管理办法〉的决定》修正）

第一章　总　　则

第一条　为规范生产安全事故应急预案管理工作，迅速有效处置生产安全事故，依据《中华人民共和国突发事件应对法》《中华人民共和国安全生产法》《生产安全事故应急条例》等法律、行政法规和《突发事件应急预案管理办法》（国办发〔2013〕101 号），制定本办法。

第二条　生产安全事故应急预案（以下简称应急预案）的编制、评审、公布、备案、实施及监督管理工作，适用本办法。

第三条　应急预案的管理实行属地为主、分级负责、分类指导、综合协调、动态管理的原则。

第四条 应急管理部负责全国应急预案的综合协调管理工作。国务院其他负有安全生产监督管理职责的部门在各自职责范围内，负责相关行业、领域应急预案的管理工作。

县级以上地方各级人民政府应急管理部门负责本行政区域内应急预案的综合协调管理工作。县级以上地方各级人民政府其他负有安全生产监督管理职责的部门按照各自的职责负责有关行业、领域应急预案的管理工作。

第五条 生产经营单位主要负责人负责组织编制和实施本单位的应急预案，并对应急预案的真实性和实用性负责；各分管负责人应当按照职责分工落实应急预案规定的职责。

第六条 生产经营单位应急预案分为综合应急预案、专项应急预案和现场处置方案。

综合应急预案，是指生产经营单位为应对各种生产安全事故而制定的综合性工作方案，是本单位应对生产安全事故的总体工作程序、措施和应急预案体系的总纲。

专项应急预案，是指生产经营单位为应对某一种或者多种类型生产安全事故，或者针对重要生产设施、重大危险源、重大活动防止生产安全事故而制定的专项性工作方案。

现场处置方案，是指生产经营单位根据不同生产安全事故类型，针对具体场所、装置或者设施所制定的应急处置措施。

第二章 应急预案的编制

第七条 应急预案的编制应当遵循以人为本、依法依规、符合实际、注重实效的原则，以应急处置为核心，明确应急职责、规范应急程序、细化保障措施。

第八条 应急预案的编制应当符合下列基本要求：

（一）有关法律、法规、规章和标准的规定；

（二）本地区、本部门、本单位的安全生产实际情况；

（三）本地区、本部门、本单位的危险性分析情况；

（四）应急组织和人员的职责分工明确，并有具体的落实措施；

（五）有明确、具体的应急程序和处置措施，并与其应急能力相适应；

（六）有明确的应急保障措施，满足本地区、本部门、本单位的应急工作需要；

（七）应急预案基本要素齐全、完整，应急预案附件提供的信息准确；

（八）应急预案内容与相关应急预案相互衔接。

第九条　编制应急预案应当成立编制工作小组，由本单位有关负责人任组长，吸收与应急预案有关的职能部门和单位的人员，以及有现场处置经验的人员参加。

第十条　编制应急预案前，编制单位应当进行事故风险辨识、评估和应急资源调查。

事故风险辨识、评估，是指针对不同事故种类及特点，识别存在的危险危害因素，分析事故可能产生的直接后果以及次生、衍生后果，评估各种后果的危害程度和影响范围，提出防范和控制事故风险措施的过程。

应急资源调查，是指全面调查本地区、本单位第一时间可以调用的应急资源状况和合作区域内可以请求援助的应急资源状况，并结合事故风险辨识评估结论制定应急措施的过程。

第十一条　地方各级人民政府应急管理部门和其他负有安全生产监督管理职责的部门应当根据法律、法规、规章和同级人民政府以及上一级人民政府应急管理部门和其他负有安全生产监督管理职责的部门的应急预案，结合工作实际，组织编制相应的部门应急预案。

部门应急预案应当根据本地区、本部门的实际情况，明确信息报告、响应分级、指挥权移交、警戒疏散等内容。

第十二条 生产经营单位应当根据有关法律、法规、规章和相关标准，结合本单位组织管理体系、生产规模和可能发生的事故特点，与相关预案保持衔接，确立本单位的应急预案体系，编制相应的应急预案，并体现自救互救和先期处置等特点。

第十三条 生产经营单位风险种类多、可能发生多种类型事故的，应当组织编制综合应急预案。

综合应急预案应当规定应急组织机构及其职责、应急预案体系、事故风险描述、预警及信息报告、应急响应、保障措施、应急预案管理等内容。

第十四条 对于某一种或者多种类型的事故风险，生产经营单位可以编制相应的专项应急预案，或将专项应急预案并入综合应急预案。

专项应急预案应当规定应急指挥机构与职责、处置程序和措施等内容。

第十五条 对于危险性较大的场所、装置或者设施，生产经营单位应当编制现场处置方案。

现场处置方案应当规定应急工作职责、应急处置措施和注意事项等内容。

事故风险单一、危险性小的生产经营单位，可以只编制现场处置方案。

第十六条 生产经营单位应急预案应当包括向上级应急管理机构报告的内容、应急组织机构和人员的联系方式、应急物资储备清单等附件信息。附件信息发生变化时，应当及时更新，确保准确有效。

第十七条 生产经营单位组织应急预案编制过程中，应当根据法律、法规、规章的规定或者实际需要，征求相关应急救援队伍、公民、法人或者其他组织的意见。

第十八条　生产经营单位编制的各类应急预案之间应当相互衔接，并与相关人民政府及其部门、应急救援队伍和涉及的其他单位的应急预案相衔接。

第十九条　生产经营单位应当在编制应急预案的基础上，针对工作场所、岗位的特点，编制简明、实用、有效的应急处置卡。

应急处置卡应当规定重点岗位、人员的应急处置程序和措施，以及相关联络人员和联系方式，便于从业人员携带。

第三章　应急预案的评审、公布和备案

第二十条　地方各级人民政府应急管理部门应当组织有关专家对本部门编制的部门应急预案进行审定；必要时，可以召开听证会，听取社会有关方面的意见。

第二十一条　矿山、金属冶炼企业和易燃易爆物品、危险化学品的生产、经营（带储存设施的，下同）、储存、运输企业，以及使用危险化学品达到国家规定数量的化工企业、烟花爆竹生产、批发经营企业和中型规模以上的其他生产经营单位，应当对本单位编制的应急预案进行评审，并形成书面评审纪要。

前款规定以外的其他生产经营单位可以根据自身需要，对本单位编制的应急预案进行论证。

第二十二条　参加应急预案评审的人员应当包括有关安全生产及应急管理方面的专家。

评审人员与所评审应急预案的生产经营单位有利害关系的，应当回避。

第二十三条　应急预案的评审或者论证应当注重基本要素的完整性、组织体系的合理性、应急处置程序和措施的针对性、应急保障措

施的可行性、应急预案的衔接性等内容。

第二十四条 生产经营单位的应急预案经评审或者论证后，由本单位主要负责人签署，向本单位从业人员公布，并及时发放到本单位有关部门、岗位和相关应急救援队伍。

事故风险可能影响周边其他单位、人员的，生产经营单位应当将有关事故风险的性质、影响范围和应急防范措施告知周边的其他单位和人员。

第二十五条 地方各级人民政府应急管理部门的应急预案，应当报同级人民政府备案，同时抄送上一级人民政府应急管理部门，并依法向社会公布。

地方各级人民政府其他负有安全生产监督管理职责的部门的应急预案，应当抄送同级人民政府应急管理部门。

第二十六条 易燃易爆物品、危险化学品等危险物品的生产、经营、储存、运输单位，矿山、金属冶炼、城市轨道交通运营、建筑施工单位，以及宾馆、商场、娱乐场所、旅游景区等人员密集场所经营单位，应当在应急预案公布之日起 20 个工作日内，按照分级属地原则，向县级以上人民政府应急管理部门和其他负有安全生产监督管理职责的部门进行备案，并依法向社会公布。

前款所列单位属于中央企业的，其总部（上市公司）的应急预案，报国务院主管的负有安全生产监督管理职责的部门备案，并抄送应急管理部；其所属单位的应急预案报所在地的省、自治区、直辖市或者设区的市级人民政府主管的负有安全生产监督管理职责的部门备案，并抄送同级人民政府应急管理部门。

本条第一款所列单位不属于中央企业的，其中非煤矿山、金属冶炼和危险化学品生产、经营、储存、运输企业，以及使用危险化学品达到国家规定数量的化工企业、烟花爆竹生产、批发经营企业的应急预案，按照隶属关系报所在地县级以上地方人民政府应急管理部门备案；本款前述单位以外的其他生产经营单位应急预案的备案，由省、自治区、直辖市人民政府负有安全生产监督管理职责的部门确定。

油气输送管道运营单位的应急预案，除按照本条第一款、第二款的规定备案外，还应当抄送所经行政区域的县级人民政府应急管理部门。

海洋石油开采企业的应急预案，除按照本条第一款、第二款的规定备案外，还应当抄送所经行政区域的县级人民政府应急管理部门和海洋石油安全监管机构。

煤矿企业的应急预案除按照本条第一款、第二款的规定备案外，还应当抄送所在地的煤矿安全监察机构。

第二十七条 生产经营单位申报应急预案备案，应当提交下列材料：

（一）应急预案备案申报表；

（二）本办法第二十一条所列单位，应当提供应急预案评审意见；

（三）应急预案电子文档；

（四）风险评估结果和应急资源调查清单。

第二十八条 受理备案登记的负有安全生产监督管理职责的部门应当在 5 个工作日内对应急预案材料进行核对，材料齐全的，应当予以备案并出具应急预案备案登记表；材料不齐全的，不予备案并一次性告知需要补齐的材料。逾期不予备案又不说明理由的，视为已经备案。

对于实行安全生产许可的生产经营单位，已经进行应急预案备案的，在申请安全生产许可证时，可以不提供相应的应急预案，仅提供应急预案备案登记表。

第二十九条 各级人民政府负有安全生产监督管理职责的部门应当建立应急预案备案登记建档制度，指导、督促生产经营单位做好应急预案的备案登记工作。

第四章　应急预案的实施

第三十条　各级人民政府应急管理部门、各类生产经营单位应当采取多种形式开展应急预案的宣传教育，普及生产安全事故避险、自救和互救知识，提高从业人员和社会公众的安全意识与应急处置技能。

第三十一条　各级人民政府应急管理部门应当将本部门应急预案的培训纳入安全生产培训工作计划，并组织实施本行政区域内重点生产经营单位的应急预案培训工作。

生产经营单位应当组织开展本单位的应急预案、应急知识、自救互救和避险逃生技能的培训活动，使有关人员了解应急预案内容，熟悉应急职责、应急处置程序和措施。

应急培训的时间、地点、内容、师资、参加人员和考核结果等情况应当如实记入本单位的安全生产教育和培训档案。

第三十二条　各级人民政府应急管理部门应当至少每两年组织一次应急预案演练，提高本部门、本地区生产安全事故应急处置能力。

第三十三条　生产经营单位应当制定本单位的应急预案演练计划，根据本单位的事故风险特点，每年至少组织一次综合应急预案演练或者专项应急预案演练，每半年至少组织一次现场处置方案演练。

易燃易爆物品、危险化学品等危险物品的生产、经营、储存、运输单位，矿山、金属冶炼、城市轨道交通运营、建筑施工单位，以及宾馆、商场、娱乐场所、旅游景区等人员密集场所经营单位，应当至少每半年组织一次生产安全事故应急预案演练，并将演练情况报送所在地县级以上地方人民政府负有安全生产监督管理职责的部门。

县级以上地方人民政府负有安全生产监督管理职责的部门应当对本行政区域内前款规定的重点生产经营单位的生产安全事故应急救援

预案演练进行抽查；发现演练不符合要求的，应当责令限期改正。

第三十四条　应急预案演练结束后，应急预案演练组织单位应当对应急预案演练效果进行评估，撰写应急预案演练评估报告，分析存在的问题，并对应急预案提出修订意见。

第三十五条　应急预案编制单位应当建立应急预案定期评估制度，对预案内容的针对性和实用性进行分析，并对应急预案是否需要修订作出结论。

矿山、金属冶炼、建筑施工企业和易燃易爆物品、危险化学品等危险物品的生产、经营、储存、运输企业、使用危险化学品达到国家规定数量的化工企业、烟花爆竹生产、批发经营企业和中型规模以上的其他生产经营单位，应当每三年进行一次应急预案评估。

应急预案评估可以邀请相关专业机构或者有关专家、有实际应急救援工作经验的人员参加，必要时可以委托安全生产技术服务机构实施。

第三十六条　有下列情形之一的，应急预案应当及时修订并归档：

（一）依据的法律、法规、规章、标准及上位预案中的有关规定发生重大变化的；

（二）应急指挥机构及其职责发生调整的；

（三）安全生产面临的风险发生重大变化的；

（四）重要应急资源发生重大变化的；

（五）在应急演练和事故应急救援中发现需要修订预案的重大问题的；

（六）编制单位认为应当修订的其他情况。

第三十七条　应急预案修订涉及组织指挥体系与职责、应急处置程序、主要处置措施、应急响应分级等内容变更的，修订工作应当参照本办法规定的应急预案编制程序进行，并按照有关应急预案报备程序重新备案。

第三十八条 生产经营单位应当按照应急预案的规定，落实应急指挥体系、应急救援队伍、应急物资及装备，建立应急物资、装备配备及其使用档案，并对应急物资、装备进行定期检测和维护，使其处于适用状态。

第三十九条 生产经营单位发生事故时，应当第一时间启动应急响应，组织有关力量进行救援，并按照规定将事故信息及应急响应启动情况报告事故发生地县级以上人民政府应急管理部门和其他负有安全生产监督管理职责的部门。

第四十条 生产安全事故应急处置和应急救援结束后，事故发生单位应当对应急预案实施情况进行总结评估。

第五章 监 督 管 理

第四十一条 各级人民政府应急管理部门和煤矿安全监察机构应当将生产经营单位应急预案工作纳入年度监督检查计划，明确检查的重点内容和标准，并严格按照计划开展执法检查。

第四十二条 地方各级人民政府应急管理部门应当每年对应急预案的监督管理工作情况进行总结，并报上一级人民政府应急管理部门。

第四十三条 对于在应急预案管理工作中做出显著成绩的单位和人员，各级人民政府应急管理部门、生产经营单位可以给予表彰和奖励。

第六章 法 律 责 任

第四十四条 生产经营单位有下列情形之一的，由县级以上人民政府应急管理等部门依照《中华人民共和国安全生产法》第九十四条的规定，责令限期改正，可以处5万元以下罚款；逾期未改正的，责令停产停业整顿，并处 5 万元以上 10 万元以下的罚款，对直接负责的主管人员和其他直接责任人员处 1 万元以上 2 万元以下的罚款：

（一）未按照规定编制应急预案的；

（二）未按照规定定期组织应急预案演练的。

第四十五条　生产经营单位有下列情形之一的，由县级以上人民政府应急管理部门责令限期改正，可以处 1 万元以上 3 万元以下的罚款：

（一）在应急预案编制前未按照规定开展风险辨识、评估和应急资源调查的；

（二）未按照规定开展应急预案评审的；

（三）事故风险可能影响周边单位、人员的，未将事故风险的性质、影响范围和应急防范措施告知周边单位和人员的；

（四）未按照规定开展应急预案评估的；

（五）未按照规定进行应急预案修订的；

（六）未落实应急预案规定的应急物资及装备的。

生产经营单位未按照规定进行应急预案备案的，由县级以上人民政府应急管理等部门依照职责责令限期改正；逾期未改正的，处 3 万元以上 5 万元以下的罚款，对直接负责的主管人员和其他直接责任人员处 1 万元以上 2 万元以下的罚款。

第七章　附　　　则

第四十六条　《生产经营单位生产安全事故应急预案备案申报表》和《生产经营单位生产安全事故应急预案备案登记表》由应急管理部统一制定。

第四十七条　各省、自治区、直辖市应急管理部门可以依据本办法的规定，结合本地区实际制定实施细则。

第四十八条 对储存、使用易燃易爆物品、危险化学品等危险物品的科研机构、学校、医院等单位的安全事故应急预案的管理，参照本办法的有关规定执行。

第四十九条 本办法自 2016 年 7 月 1 日起施行。